Entomographien.

von

J. Friedrich Eschscholtz,

Doctor der Medizin, außerordentlichem Professor der Medizin und Prosector an der K. Universität zu Dorpat, Mitgliede der naturforschenden Gesellschaft zu Moscau und der Leopoldinisch-Carolinischen Akademie der Naturforscher zu Bonn.

Erste Lieferung.

Mit zwei illuminirten Kupfertafeln.

Berlin 1822.

Gedruckt und verlegt

bei G. Reimer.

Hier übergebe ich dem entomologischen Publikum die erste Lieferung der Beschreibungen meiner neuen Insecten, welche ich während der Erdumseglung des Schiffes Rurick unter Führung des Capitain Otto von Kotzebue zu sammeln Gelegenheit hatte. Ich habe mich bemüht, die Insecten so kenntlich zu beschreiben, daß es bei nachheriger Entdeckung auch sehr ähnlicher Arten dennoch möglich werde, die specifischen Unterschiede (ohne Vergleichung der Exemplare) anzugeben. Daß mir mehrere wichtige entomologische Werke dabei mangelten, muß ich sehr bedauern, konnte aber deshalb doch nicht die Beschreibungen der mir nach meinen Mitteln neu scheinenden Insecten unterdrücken; da ein großer Theil derselben aus Gegenden ist, welche früher von Entomologen nicht besucht worden waren, so hoffe ich die Synonymie der Insecten nicht sehr vermehrt zu haben.

Angehängt habe ich allgemeine Bemerkungen über einige Käfer, wie sie sich mir bei Untersuchung der zu beschreibenden Arten darboten, daher sie sich auch nur über die Familien und Gattungen erstrecken, aus welchen hier Arten beschrieben sind.

Erst bei völlig beendigtem Manuscript, indem es gerade durch eine sich darbietende Gelegenheit abgeschickt werden sollte, erhielt ich durch den Buchhandel Catalogue de la collection de Coléoptères de M. le Baron Dejean und Wiedemanns zoologisches Magazin; aus ersterem habe ich zu den allgemeinen Bemerkungen einige Nachträge gemacht, letzteres zu durchblättern erlaubte mir die sehr beschränkte Zeit nicht einmal. Eine eben erhaltene Insectensendung brachte mir Lucanus hircus Herbst, worüber ich auch in den allgemeinen Bemerkungen einen Nachtrag machen konnte.

Dorpat, den $\frac{12}{24}$ten May 1822.

Fr. Eschscholtz.

Beschreibungen neuer Insecten.

1. Lucanus tibialis.

L. castaneus; elytris tibiisque aurantiacis;
mas. mandibulis porrectis, basi et ante apicem valide dentatis (Taf. I Fig. 1.),
foem. mandibulis brevissimis, simplicibus.

In Brasilien, St. Catharina.

Männchen mit den Kinnbacken 1 Zoll, Weibchen etwas über 7 Linien lang.

Männchen: Kopf dunkelkastanienbraun, sehr groß, im Ganzen viereckig, vorn in der Mitte sehr stark halbkreisförmig ausgeschnitten, wodurch eine vordere halbmondförmige Fläche entsteht, deren unterer Rand in der Mitte wiederum mit einer starken Einbucht versehen ist; die Vorderecken ragen weit vor, sind breit und schief abgestutzt; von den Seitenrändern hat der vor den Augen liegende Theil die Breite des Halsschildes, ist scharfkantig und setzt sich bis auf den dritten Theil des Auges fort; der hintere Theil des Seitenrandes ist etwas schmäler, als das Halsschild, verläuft gerade und ist abgerundet; die hinten an den

Seiten stark gewölbte fein runzliche Oberfläche des Kopfs plattet sich nach vorn in der Mitte merklich ab, erhebt sich aber in den breiten Vorderecken als eine kurze länglichte und stumpfe Kante. Augen klein, kuglig.

Kinnbacken (an der untern Fläche gemessen) $4\frac{1}{2}$ Lin. lang, gerade vorgestreckt, an ihrer Wurzel einander so sehr genähert, daß kein Fortsatz des Kopfschildes zwischen ihnen treten kann (wie es bei Luc. cervus u. a. der Fall ist), sehr wenig nach oben gebogen, haarlos, glänzend schwarzbraun, noch feiner runzlig, als der Kopf, außen dick, nach innen plötzlich dünner und mit großen Zähnen versehen; die linke Kinnbacke hat ganz nahe an der Wurzel einen breiten stumpfen Zahn, am ersten Drittheil der Länge einen zweiten sehr große spitzen, dann etwas über der Mitte einen dritten sehr kleinen und kurz vor dem Ende einen vierten breiten ausgerandeten Zahn; das Ende ist hakenförmig nach innen gekrümmt; die rechte Kinnbacke ist etwas mehr nach außen gekrümmt, hat an der Wurzel einen breiten kurzen Zahn, gleich neben diesem einen zweiten sehr großen spitzen und kurz vor dem hakenförmig gekrümmten Ende einen dritten langen abgestumpften Zahn. Die Fühler erreichen fast den Hinterrand des Halsschildes; erstes Glied von der Länge des übrigen Theils derselben, walzenförmig und etwas gekrümmt, die drei letzten Glieder bilden die Kolbe.

Halsschild breiter, als lang, oben röthlichkastanienbraun, etwas gewölbt, sehr fein runzlich mit zerstreuten feinen Punkten, in der Mitte schwach gefurcht, zu beiden Seiten der Furche mit einem Grübchen versehen; rundherum (die Mitte des Vorderrandes ausgenommen) schmal gerandet; Vorderrand in der Mitte etwas vortretend, fein goldgelb gefranzt, Vorderecken stark vorgezogen, zugespitzt; Seitenrand verläuft von vorn bis über $\frac{2}{3}$ seiner Länge ziemlich gerade nach hinten, bildet hier einen kleinen Zahn, darauf biegt sich der Rand stark nach innen; Hinterwinkel scharf und Hinterrand mit zwei schwachen Ausschnitten. Schildchen herzförmig, stark punktirt, schwarz, mit gelblichen Haaren besetzt.

Flügeldecken, an der Wurzel etwas breiter, als der hintere Theil des Halsschildes, erweitern sich bis zur Mitte; Enden spitz; Schulterecke spitz; der äußere Rand sehr wenig aufgebogen; wenig gewölbt mit platten Enden; auf der Oberfläche bemerkt man viele regelmäßige ziemlich dichte Reihen undeutlicher von einander entfernter Punkte; Farbe hell nußbraun, mit schmal kastanienbraun gefärbter Nath und äußerm Rande. Flügel vollkommen.

Unten ist der ganze Körper, so wie der umgeschlagene breite Rand der Flügeldecken dunkelkastanienbraun, gänzlich haarlos; Kopf glatt mit einzelnen großen Punkten, der umgeschlagene Theil des Halsschildes sehr fein gerunzelt, der mittlere Theil (der Unterhals) tritt stark nach vorn und ist spitz, sein Vorderrand der Länge nach gestreift, der mittlere Theil in ein stark hervorragendes glattes Halsbein erhoben, welches bis an den Hinterrand reicht und daselbst senkrecht abgeschnitten ist; Seitentheile mit dichten Grübchen besetzt. Brust in der Mitte glatt, an den Seiten fein gerunzelt; Seitenstücke punktirt, Bruststück vorn ausgehöhlt; Bauch ganz glatt.

Beine ziemlich schlank, Schenkel wenig verdickt, dunkelkastanienbraun; die vordersten vorn an der Wurzel mit einem eiförmigen Fleck goldgelber Haare; Schienen fast walzenförmig hell nußbraun die vordersten am Ende etwas erweitert und mit einem innern braunen Stachel und zwei äußern braunen Zähnen versehen, der äußere Rand fein sägeförmig; hintere Schienen mit zerstreuten kurzen goldfarbenen Haaren. Füße langgestreckt, schwarzbraun.

Weibchen. Kopf, so wie das Halsschild, dunkel kastanienbraun mit einem violetten Schimmer, viereckig, viel breiter wie lang, um ein Bedeutendes schmäler, als das Halsschild, Vorderrand gerade. Die Erhabenheiten der stumpfen Vorderecken verlaufen hier schief, nach hinten viel schwächer werdend und gränzen einen vordern dreieckigen platten Raum ab; ganze Oberfläche mit dichten Grübchen besetzt, Kinnbacken nur $\frac{3}{4}$ Linien lang, ragen oben kaum um $\frac{1}{2}$ Lin. vor, sind schief vierkantig, unten gegen die Wurzel hin mit einem starken Zahn bewaffnet, stark nach innen gebogen, oben mit Grübchen, schwarz. Da die Kinnbacken hier an der Wurzel nicht so dicht zusammenstehen, so findet sich eine kleine hornige quere Oberlippe zur Deckung des Maules vor. Fühler reichen nur bis auf die Hälfte des Halsschildes; erstes Glied fast gerade und keulenförmig.

Die Form des Halsschildes weicht auch sehr von dem des Männchens ab; vorderer Rand gerade, nur die Ecken treten nach vorn vor. Seiten erweitern sich bis über die Mitte hinaus, bilden hier eine stumpfe Ecke und verschmälern sich dann plötzlich durch eine schwache Einbiegung; Oberfläche gleichmäßig etwas weitläuftig punktirt, ohne Eindrücke. Flügeldecken in der Mitte röthlichbraun. Ganze Unterseite schwarz und

und bis auf den glatten mittlern Theil der Brust und des Bauchs mit tiefen Grübchen dicht genarbt. Halsbein noch etwas höher, als beim Männchen. Schenkel und Füße schwarz, Vorderschienen äußerlich noch mit drei schwarzen Zähnen, hintere Schienen in der Mitte nach außen mit einem schwarzen Stachel bewaffnet.

Eine zu gleicher Zeit gefangene Varietät des Männchens nähert sich in seinem Baue dem Weibchen sehr, die Bildung des Kopfs und Halsschildes steht in der Mitte zwischen denen beider Geschlechter; die Kinnbacken aber sind eigenthümlich, über 2 Linien lang, gerade, mit wenig einwärts gebogenen Spitzen, der innere Rand breit, dünn, ungezähnt.

2. Lucanus vittatus.

L. ater, thorace bicarinato, elytris vitta holosericea fulva; foem. mandibulis brevissimis, clypeo tuberculato.

In Chili, Conception.

Das einzige Exemplar, das ich erhielt, ein Weibchen, hat die Länge von $6\frac{1}{2}$ Linien.

Der ganze Körper hat eine schwarze Farbe. Kopf breiter, wie lang, fast nur halb so breit, als das Halsschild, vorn gerad abgeschnitten, Vorderecken abgerundet, Seiten in der Mitte erweitert, vor den Augen scharfkantig, Oberfläche grob punctirt, hinten und an den Seiten gewölbt; ein großer dreieckiger Raum, welcher von zwei in den Vorderwinkeln hoch anfangenden und schief nach hinten und innen verlaufenden glättern Kanten eingeschlossen wird, ist ganz flach und in der

Mitte des Vorderrandes mit einem zusammengedrückten kleinen Höcker versehen, die kleinen kugligen Augen werden vorn von dem Seitenrande des Kopfes sehr wenig bedeckt. Kinnbacken sehr kurz, dick, breit, nach innen gebogen, schief vierkantig, oben und außen gefurcht, punktirt, unten mit einem breiten aber schwachen Zahn bewaffnet. Eine kleine hornartige Oberlippe tritt zwischen den Kinnbacken unter dem Kopfschilde sehr wenig hervor. Fühler reichen bis auf die Hälfte des Halsschildes; das erste fast gerade Glied ist etwas länger, als alle übrigen zusammengenommen, die drei letzten bilden die Kolbe.

Halsschild breiter wie lang, fast breiter als die Flügeldecken, vorn gerade abgestutzt, ungerandet, mit etwas vorstehenden breiten spitzen Vorderecken, Seiten in der Mitte ziemlich stark erweitert, etwas aufgeworfen, Hinterwinkel stumpf, Hinterrand ungerandet, in der Mitte gerade, an den Seiten etwas schief, nach vorn gerichtet; die Oberfläche wird durch zwei hohe glänzende wenig punktirte Längskanten in drei Räume getheilt, welche sehr matt und mit dichten aber flachen Grübchen besetzt sind, in den Grübchen liegen kleine gelbliche matte Schuppen; der mittlere Raum ist schwach vertieft, die seitlichen sind schiefe Abhänge. Schildchen breit, glatt, nackt.

Flügeldecken von den etwas eingezogenen stumpfen Schulterecken bis zur Mitte fast in gerader Linie verlaufend, darauf bis zur stumpfen Spitze sich ziemlich stark verengernd, sehr schmal gerandet, stark gewölbt, vorn in der Mitte mit einer Längserhabenheit, die sich an die Kanten des Halsschildes anschließt, aber etwas über der Mitte der Flügeldecken sich schon verliert sie sind mit kleinen flachen Grübchen, die eine gelbliche Schuppe im Grunde zeigen, sehr dicht besetzt und matt; von der Schulter bis zur Spitze verläuft ein schmaler röthlich brauner Streifen, der aus ziemlich langen senkrecht stehenden Schuppen besteht; sie sind mit der etwas aufgeworfenen glatten Naht so ineinander gefügt, daß sie sich nicht trennen lassen. Die Flügel unvollkommen, sehr kurz.

Die ganze Unterseite ist, bis auf den in der Mitte glatten, an den Seiten punktirten Bauch durch tiefe Grübchen narbig, was auch von dem starken Halsbeine gilt; Vorderrand des Unterhalses rothbraun gefranzt, der übrige Körper nackt. Beine kurz, schwarz; Schenkel etwas verdickt, punktirt; Vorderschienen gegen das Ende breiter, platt, oben mit zwei Punktreihen, außen in der Mitte mit drei kleinen und am Ende mit zwei großen Zähnen bewaffnet, zwischen denen gelbe Borsten stehen; hintere Schienen kegelförmig, mit gelben Borstenreihen und einem Stachel in der Mitte der Außenseite; Fußglieder schwarzbraun.

3. Psammodius cylindricus.

Ps. ater, thorace rude punctato, basi sulcato; elytris profunde punctato striatis, interstitiis planis; serie punctorum absoleta.

Auf der Insel Unalaschka, auf Anhöhen unter Steinen selten.

Fast 2 Linien lang, schwarz und dem Ps. sabuleti sehr ähnlich. Kopf groß, breit, gewölbt, sehr dicht und grob punktirt, im Nacken glatt mit einer punktirten Grube in der Mitte, vorderer Rand schmal aufgeworfen und etwas ausgeschnitten. Taster und Fühler gelb; letztere mit etwas dunklerer Kolbe. Halsschild kurz, vorn ungerandet mit einem durchschneidenden braunen glatten Rande, Vorderecken kurz, spitz; Seitenrand gerandet, verläuft von vorn nach hinten gerade, vorn nur ein wenig schmäler, Hinterecken stumpf, schmal gerandete Hinterrand nach hinten gebogen; Oberfläche stark querüber gewölbt, dicht grob punktirt, eine breite mittlere Rinne reicht vom hintern Rande bis zur Mitte; an jedem Vorderwinkel steht eine große flache Grube, wodurch der Seitenrand hier flach erscheint.

Schildchen länglicht, glatt. Flügeldecken zweimal so lang, als der vordere Körpertheil, an der Wurzel mit dem Halsschilde von gleicher Breite, erweitern sich ein wenig bis hinter der Mitte, am Ende gerundet; an den Seiten und hinten stark abschüssig, auf dem Rücken nur schwach gewölbt; die Streifen derselben bestehen aus großen aber flachen Punkten, die sehr dicht an einander gereiht sind, aber in keiner Furche stehen (wie bei sabuleti); die Zwischenräume der Punktreihen sind flach und in ihrer Mitte bemerkt man eine Reihe von weit von einander stehenden undeutlichen Punkten. Unterseite des Körpers schwarz, glatt, glänzend und nackt. Beine pechbraun mit etwas helleren und mit drei breiten stumpfen Zähnen bewaffneten Vorderschien-Enden; ihr Bau übrigens wie bei sabuleti.

4. Trox brevicollis.

Tr. ater, capite bituberculato, thoracis elytrorumque marginibus integerrimis, brevissime ciliatis; elytris tuberculis seriatis deplanatis laevibus glabris.

In Chili, Conception.

Länge $6\frac{1}{2}$ Linien. Farbe oben überall schwarz, unten schwarzbraun. Kopf vorn durch eine dem Rande parallele tiefe Rinne stark aufgeworfen, in der Mitte ausgeschnitten, die ganze Oberfläche stark punktirt, der mittlere Theil gewölbt mit zwei länglichen Hügeln in der Mitte. Fühler kurz, schwarz; die ersten Glieder lang behaart, Kolbe eiförmig, grau; Augen weiß. Halsschild am Hinterrande $2\frac{3}{4}$ Lin. breit, in der Mitte über $1\frac{1}{2}$, an den Seiten aber an der schmälsten Stelle keine volle Linie lang; Vorderrand fast gerade abgeschnitten, ragt mit einem sehr schwachen Bogen über den Kopf vor; Vorderecken vorstehend, stumpf; Seitenrand erweitert sich vorn plötzlich, verläuft dann in gerader Linie nach hinten und außen, ist kurz und weitläuftig gewimpert und ungerandet; Hinterwinkel stumpf; Hinterrand bildet eine stumpfe Ecke, indem jede Seite von der Mitte aus schräg nach außen und etwas nach vorn in gerader Linie verläuft; Oberfläche querüber gewölbt, stark und dicht punktirt, matt, mit mehreren glänzenden und wenigen punktirten Erhabenheiten; auf jeder Seite der Mittellinie fängt vom vordern Rande ein schmaler flacher Wulst an und geht gerad nach hinten, erweitert sich in der Mitte etwas, hat hier eine mittlere Grube und läuft hinter der Mitte des Halsschildes in eine Spitze aus; am Hinterrande, dem vorigen fast entgegengestellt, doch etwas mehr seitlicher, befindet sich ein zweiter länglicht viereckiger Wulst; ein dritter ähnlicher steht zwischen dem vorigen und dem

Seitenrande in der Mitte und hat seine Lage ebenfalls am Hinterrande; gleich vor diesem steht eine kleine runde Erhabenheit; die hintere Hälfte der Mittellinie ist durch eine schwache Längskante bezeichnet; vom Vorderwinkel aus erstreckt sich schräg nach der Mitte zu auf jeder Seite ein tiefer Eindruck.

Schildchen klein, lang, schmal, ziemlich eben, an den Seiten mit einem braunen Filz besetzt. Flügeldecken 5 Linien lang, erweitern sich hinter der Schulter stark, bleiben bis ans Ende gleich breit, hinten gerundet, im mittlern Theile breitflach gerandet, quer über stark gewölbt, mit neun Reihen flacher, nackter, glatter Erhabenheiten besetzt; drei Reihen (nämlich die 3, 5, 7te von der Naht) bestehen aus großen Erhabenheiten, mit denen vier Reihen halb so großer Hügel abwechseln; außer diesen trifft man noch an der Naht und am Rande eine Reihe kleiner Hügel an; zwischen zwei Hügelreihen befindet sich immer eine aus groben von einander entfernten Punkten bestehende Reihe: die zwei der Naht nächsten und zwei andern am äußern Rande zusammenstehende Punktreihen verlaufen gerade, die mittlern sind aber geschlängelt. Auf dem breit abgesetzten Rande der Flügeldecken bemerkt man noch eine undeutliche Reihe von sehr kleinen Körnern, der äußere Rand selbst ist ungezähnt und sehr kurz gewimpert. Der Kopf ist unten schwarz behaart, so wie die breiten Vorderschenkel und alle Schienen schwarz gewimpert sind; Vorderschienen am Ende erweitert und ausgerandet; außerdem erblickt man noch einen kleinen stumpfen Zahn außen in der Mitte.

5. Melolontha pellita.

(Fam. I. Sect. 1. Subdiv 2. Schönh. S. I.)

M. rufo castanea, flavopilosa; pilis supra reclinatis, clypeo reflexo, subintegro, capite carina transversa, palpis maxillaribus filiformibus; malleolo nullo.

In Brasilien, St. Catharina.

Länge 6 — 7 Linien, Gestalt der M. aequinoctialis. Farbe des ganzen Körpers rothbraun, die ziemlich langen Haare bräunlich gelb. Kopf vorn schmäler, wenig gewölbt, durch zusammengeflossene Grübchen stark genarbt, ziemlich dicht behaart, Haare etwas rückwärts liegend; Kopfschild durch eine gerade glatte Querkante abgegrenzt, sein vorderer Rand aufgeworfen, beim Weibchen etwas, beim Männchen fast gar nicht ausgeschnitten, Seitenecken ganz abgerundet. Vordere Taster fadenförmig, letztes Glied noch einmal so lang, als das vorhergehende, lanzettförmig. Die dreiblättrige Fühlerkolbe gerade, lang und schmal, vorzüglich beim Männchen.

Halsschild um die Hälfte breiter als lang, vorn gerade abgeschnitten, Vorderecken niedergebogen, aber nicht vorstehend, Seiten in der Mitte stark erweitert, aufgeworfen gerandet, sehr undeutlich gekerbt, Hinterecken abgerundet, Hinterrand bildet einen nach hinten gewandten Bogen; Oberfläche stark gewölbt, dicht und grob punktirt, mit einem flachen schwärzlichen Grübchen in der Nähe jedes Seitenrandes; die Haare des Halsschildes sind dichter und ein Theil von ihnen liegt mehr rückwärts, als die auf dem Kopfe, ein anderer Theil, besonders vorn, steht mehr aufwärts. Schildchen breit, punktirt, und mit rückwärts liegenden Haaren bedeckt.

Flügeldecken etwas breiter, wie das Halsschild, ungefähr viermal so lang, erweitern sich gleich hinter der Schulter, gehen nach hinten schmäler zu, am Ende gerundet; Schulter stark vorstehend, Seiten schmal gerandet, vor dem Hinterrande ein tiefer paralleler Eindruck; Oberfläche mit flachen Grübchen, die in der Mitte ein Schüppchen haben, bedeckt, zwischen denselben Querrunzeln; ferner drei erhabene Längslinien, die wohl punktirt, aber nicht gerunzelt sind; Naht etwas erhaben; der größte Theil der Haare auf den Flügeldecken kurz und fast aufliegend, andere auf den Längslinien und am Rande länger und fast aufrechtstehend. Unten ist der Körper fein punktirt und mit rückwärts liegenden Haaren besetzt, After sehr lang behaart. Afterdecke breit, am Ende stumpf, gewölbt, mit kleinen eingedrückten Ringelchen dicht bezeichnet, in der Mitte mit einer glatten Längslinie (die beim Männchen etwas erhaben ist) und theils aufliegende kürzere, theils abstehende längere Haare. Beine stark behaart, punktirt, Hinterschenkel des Weibchens stark verdickt, Vorderschienen kurz, am Ende mit einem nach außen gekrümmten Haken und nach außen mit einem Zahn bewaffnet, vor welchem letztern man (vorzüglich beim Weibchen) einen langen Ausschnitt bemerkt; der innere Stachel fehlt gänzlich; hintere Schienen am Ende mit zwei gleich langen Stacheln. Das letzte Fußglied hat an der Wurzel unten zwei lange Stachel an allen Füßen; der innere Zahn jeder Klaue, der kurz vor der Spitze sich befindet, ist eben so lang, aber noch einmal so breit, als die Klauenspitze.

6. Melolontha palpalis.

(Fam. I. Sect. 1. Subdiv. 2.)

M. rufo ferruginea, supra glabra; pectore flavo villoso, clypeo apice bidentato, palpis maxillaribus articulo ultimo maximo excavato, tarsis anterioribus dilatatis.

In Chili, Conception.

Länge 6 Linien, Breite der Flügeldecken über 3 L. Haarlose Oberseite des Körpers, so wie die Beine rothbraun, Unterseite gelbbraun. Kopf kurz, breit, im Nacken gewölbt und glatt, der übrige Theil grob punktirt, vor dem vordern Rande stark vertieft, Vorderrand aufgeworfen und tief ausgeschnitten, wodurch und durch die schwach ausgeschnittenen Seitenränder zwei große Zähne erscheinen, die schwarz sind. Vordere gelblich braune Taster mit einem sehr großen eiförmigen Endgliede, welches oben ausgehöhlt ist. Dreiblättrige Fühlerkolbe gelblich, länglicht eiförmig, ziemlich gerade.

Halsschild viel breiter als lang, vorn gerade abgeschnitten; vor dem Vorderrande eine parallele Rinne, die schmal gerandeten Seiten in der Mitte stark erweitert, Hinterecken abgerundet, Hinterrand erweitert sich in der Mitte; Oberfläche mäßig gewölbt, grob zerstreut punktirt, die hintere Hälfte der Mittellinie und ein Fleck am Hinterrande bleiben glatt, die vordere Hälfte der Mittellinie ist vertieft.

Schildchen groß, am Ende abgerundet, bei einigen ganz glatt, bei andern etwas uneben, an seinem Vordertheile durch Haare, die am Hinterrande des Halsschildes sitzen, bedeckt. Flügeldecken an der Wurzel etwas breiter, als das Halsschild, in der Mitte stark erweitert, am Ende rund; gewölbt, grob und etwas undicht punktirt, mit vier erhabenen glatten Längslinien; Naht dick, wulstig. Unterseite des Körpers fein punktirt und mit einer gelben feinen Wolle bedeckt, welche an der Brust sehr lang wird; Seitentheile des Unterhalses fast nackt. Afterdecke herzförmig, ziemlich flach, zerstreut punktirt und nackt. Beine mit Reihen feiner langer Haare besetzt, Hinterschenkel platt; Vorderschienen außen mit drei starken Zähnen und am innern Ende mit einem Stachel bewaffnet; die vier ersten Glieder der vordern Füße stark erweitert, herzförmig und unten mit einem dichten gelben Filz überzogen; Glieder der Hinterfüße langgestreckt, fadenförmig. Jede Klaue ist an der Wurzel mit einem beborsteten Höcker versehen und am Ende zweigespalten; der Endzahn länger und an der Spitze sich plötzlich in einen Haken verengernd.

7. Anomala smaragdina.

A. supra viridi orichalcea; suptus, femoribus, thoracis pygidiique marginibus externis fusco auratis, capite thoraceque dense punctulatis, elytris vage punctulatis seriebusque punctorum plurimis.

Auf der Insel Luzon, bei Manilla.

Einen Zoll lang. Hat große Aehnlichkeit mit Mel. viridis, scheint aber noch viel größere mit M. splendens Gyllh. (Schönh. S J. III. App. 153.) zu haben, von der sie sich aber durch viele goldbraune Farbe, dichtere Punktirung des Halsschildes und viele ganze Punktreihen der Flügeldecken unterscheidet. Die Farbe der Oberseite ist dunkel grasgrün mit einem starken gelblichten öligen Glanze. Kopf fast viereckig, schwach gewölbt, gleichmäßig ziemlich stark punktirt; Kopfschild durch eine gerade Linie abgeschieden, kurz, breit, viereckig, mit aufgeworfenem Rande, stark punktirt, Vorderrand gerade abgeschnitten, Ecken abgerundet. Fühler rothbraun; erstes Glied groß, grün glänzend, lange Kolbe dunkelbraun.

Halsschild kurz, vorn bogig ausgeschnitten, Vorderecken stumpf, Seitenrand in der Mitte stark erweitert, vorderer und hinterer Theil des Seitenrandes geradlinig, Hinterecken rechtwinklig, Hinterrand an den Seiten schwach bogig ausgeschnitten; Seitentheile des Vorder- und Hinterrandes, so wie die Seitenränder, schmal erhaben gerandet; Oberfläche schwach gewölbt, gleichmäßig schwach punktirt, in der Mitte ein kaum merklicher Längseindruck, an jeder Seite das gewöhnliche Grübchen; die Seitenränder sind, von oben betrachtet, schmal braun gerandet, woran sich nach innen ein gelblich grüner Saum anschließt; betrachtet man das Halsschild aber ganz von der Seite, so erscheint der ganze Seitenrand gelbgrün. Schildchen ziemlich groß, fast unmerklich punktirt, mit kupferrothem Hinterrande.

Flügeldecken etwas breiter, als das Halsschild, hinten fast gerade abgeschnitten, Seiten stark gerandet, stark (auch von vorn nach hinten) gewölbt, mit mehreren Reihen feiner Punkte, von denen man eine an der Naht und ungefähr zehn zwischen der Mitte und dem äußern Rande bemerkt und die bis zum hintern Rande verlaufen; zwischen ihnen stehen eben so große weitläuftig zerstreute Punkte; Endbeule der Flügeldekken schwach. Unterseite des Körpers gelbbraun mit Goldglanz, Unterhals und Seiten der Brust mit braunen kurzen Haaren und grob punktirt, Mitte der Brust glatt und haarlos. Bauchringe hin und wieder fein punktirt, haarlos mit grün schimmernder Wurzel. Afterdecke dreieckig gewölbt, haarlos, vorderer und mittlerer Theil metallisch grün mit schwachen Längsrunzeln in der Mitte und einigen Punkten, an den hintern Rändern breit gelbbraun mit Goldglanz und rauh; After mit Borstenreihen.

Beine mit Borstenreihen, Schenkel gelbbraun mit Goldglanz, Hinterschenkel sehr breit und platt, der übrige Theil der Beine metallisch grün mit Kupferglanz, Vorderschienen mit einem langen stumpfen Endfortsatz, einem äußern stumpfen Zahn und innern fast in der Mitte gelegenen kurzen Stachel; letztes Fußglied lang, gekrümmt, zusammengedrückt, unten in der Mitte mit einem Höcker; Klauen ungleich; an den vier vordern Füßen die innere Klaue ziemlich gerade, an der Spitze gespalten, die äußere Klaue stark gekrümmt, einfach spitz; die innere Klaue der Hinterfüße wenig gekrümmt und wie die äußere einfach und spitz.

8. Aulacodus.

Maxilla cornea, apice sulcata, intus dilatata, ciliata.

Labium transversum.

Tarsi antici articulis quatuor ultimis dilatatis.

Spina perpendicularis inter femora antica.

Aus der Familie der Scarabaeiden mit zehngliedrigen Fühlern.

Die angegebenen Merkmale unterscheiden diese nach einer brasilischen Art gebildete Gattung hinlänglich von der ihr am nächsten stehenden Anomala. Ich füge von den Mundtheilen noch hinzu:

Labrum corneum, clypei apice inflexo insertum, ab eo carina transversa distinctum, inflexum, triangulare apice truncato, labii apicem contingens, hoc os medio claudens.

Mandibula cornea, brevis, obtusa, intus cultratim dilatata, medio longe pilosa, ante apicem profunde emarginata.

Maxilla, processu interno compresso, rotundato, dense ciliato; processu apicali crasso, quadrangulari, apice subtruncato sulcisque duobus profundis transversis exarato, extus pro palpi capituli receptione quoque excavato.

Labium corneum, transversum, apice medio productum; ipso apice truncato.

Ligula membranacea, triangularis, transversa, ciliata, labio intus adnata.

Palpi filiformes, breves: maxillares longitudine processus apicalis maxillae, articulis tribus basalibus brevibus oblongis, ultimo elongato cylindrico; labiales brevissimi in excisura labii prima apparentes, articulis duobus basalibus ovatis, ultimo oblongo.

Antennae decemarticulatae, clavato lamellatae; articulo primo maximo clavato, secundo crasso ovato, tribus sequentibus tenuibus elongatis, duobus ante clavam brevissimis transversis, clava triarticulata elongata acuminata.

Die Art nenne ich Aulac. flavipes. (Taf. I. Fig. 2.).

Länge $5\frac{1}{2}$ Linien. Kopf, Halsschild und Flügeldecken oben nackt und schwarz, mit einem sehr starken bei einigen grünlichen, bei andern kupfrigen Glanze. Kopf breit, hinten gewölbt, vorn flach, grob zerstreut punktirt, am vordern Rande etwas runzlicht. Kopfschild sehr kurz und breit, vom Kopfe durch eine schwache gerade Linie abgeschieden, grob zerstreut punktirt, Rand aufgeworfen, vorn fast gerade abgeschnitten, Ecken abgerundet. Augen groß kuglicht, vorn von einem schmalen Hornstreif bedeckt. Fühler und Taster braunroth. Halsschild mehr als noch einmal so breit, als lang, vorn gerade, ungerandet, Vorderecken vorstehend, spitz, Seiten in der Mitte stark erweitert, dick gerandet, Hinterecken rechtwinklicht, scharfeckig, Hinterrand etwas gebogen, Seiten desselben dick gerandet, Oberfläche ein wenig querüber gewölbt, grob zerstreut punktirt. Schildchen ziemlich groß, breit, spitz, an den Seiten mit zwei Reihen grober Punkte, bei einem grünlichen Exemplare auch kupfrig.

Flügeldecken an der Wurzel noch etwas schmäler, als die Mitte des Halsschildes, vor der Mitte etwas erweitert, hinten abgerundet, an den Seiten und hinten stark gewölbt, auf der Oberfläche mit vielen Doppelreihen grober Puncte; in einigen Zwischenräumen trifft man eine einfache aus noch gröbern bestehende Reihe an, an der Naht werden die Punkte der Reihen etwas verworren. Unterseite des Körpers schwarzbraun, punktirt, mit kurzen dicht anliegenden weißen Haaren überzogen; Afterdecke von derselben Farbe mit wenigen Haaren, breit, stark gewölbt, querrunzlich. Zwischen den Wurzeln der Vorderschenkel ein senkrechter mit der Spitze nach hinten gebogener schwarzer Stachel. Flügel vollkommen.

Beine gelb mit braunen Gelenken und Füßen; Schenkel nicht verdickt, die vordersten vorzüglich behaart; Vorderschienen außen dreizahnig, innen mit einem langen Endstachel, hintere Schienen dick mit stachlichten Querreihen, am Ende mit zwei Dornen; das erste Glied der Vorderfüße dick, kurz, keulenförmig, das zweite sehr breit, platt herzförmig, die beiden folgenden von eben der Beschaffenheit, nur immer etwas kleiner, das letzte auch breit, platt, mit innerm geraden und äußern stark bogigen Seitenrande; die Klauen sitzen hier an der nach innen gerichteten Spitze. Klauen ungleich, nicht stark, eine von ihnen an allen Füßen etwas dicker und am Ende gespalten, nämlich an den Vorderfüßen die innere Klaue und an den hintern Füßen die äußere Klaue; betrachtet man aber jeden Fuß von oben, so ist an den Füßen der rechten Seite immer die linke Klaue gespalten, und an der Füßen der linken Seite die rechte Klaue.

9. Cetonia pretiosa.

C. viridis, splendidissima, capite spina incumbente, clypeo reflexo bidentato, thoracis macula elytrorumque fasciis duabus latis atris, tibiis rufis.

Auf der Insel Luzon, bei Manilla.

Zehn Linien lang. Von der ersten Abtheilung der Cetonien, ein Goliath. Lam.

Hauptfarbe des Körpers smaragdgrün, am Halsschilde und an der Unterseite des Körpers mit einem schwachen

Goldschimmer, sehr stark glänzend. Kopf länger, als breit, viereckig, mit einigen zerstreuten schwarzen Punkten gefleckt, in der Mitte eine Längserhabenheit, die vorn in eine stumpfe Spitze ausläuft, welche an den Seiten noch zwei Zähnchen hat; längs jedes Seitenrandes verläuft eine scharfe Kante bis zum Vorderrande; vor dem mittlern Stachel ist das Kopfschild stark ausgehöhlt, der vordere Rand stark aufgeworfen, fast senkrecht aufsteigend mit zwei Zähnchen in der Mitte. Augen von einem schmalen Hornstreifen etwas bedeckt. Fühler kurz, schwarz, Kolbe lang, schmal, länger als der übrige Fühlertheil, braunroth.

Halsschild hinten fast noch einmal so breit, als lang, vorn schmal, gerade abgeschnitten, Seitenränder nach der Mitte zu sich stark erweiternd, von da bis zur stumpfen Hinterecke gleichbreit, von der Vorderecke bis über zwei Drittheile des Seitenrandes ist derselbe schmal aufgeworfen; Hinterrand mit einem kleinen mittlern und zwei längern seitlichten schwachen Ausschnitten; Oberfläche schwach gewölbt, mit wenigen zerstreuten schwarzen Punkten, in der Mitte ein großer querer schwarzer glänzender Fleck, welcher vorn in der Mitte einen schmalen Einschnitt hat. Schildchen lang, spitz, glatt, ungefleckt.

Flügeldecken an der Schulter breiter, als das Halsschild, nach hinten etwas ausgeschnitten, dann allmälig schmäler werdend, am Ende zugerundet, die Ecke an der Naht verlängert, zugespitzt; Seiten gerandet, ein schmaler Theil derselben ist abschüssig und endet hinten in einer großen Beule; Naht am hintern Theile stark erhaben und hierselbst durch einen tiefen Strich von der übrigen ganz flachen glatten Oberfläche der

Flü-

Flügeldecken abgeschieden; ein großer schwarzer glänzender viereckiger Fleck nimmt den Raum zwischen der Wurzel, der Seitenkante und dem innern an das Schildchen stoßenden Rande ein und reicht bis auf den dritten Theil der Flügeldecke; ein zweiter schwarzer querer Fleck auf dem hintern Drittheile nimmt seinen Ursprung nahe am äußern Rande mit einem schmalen Theile, gewinnt bald darauf nach vorn plötzlich an Breite, schickt nach hinten einen stumpfen Zahn aus und reicht bis zur Naht, welche er auch überzieht.

Unterseite des Körpers nackt mit wenigen zerstreuten schwarzen Punkten, Unterseite des Halsschildes mit kurzen schwarzen Längsstrichen. Brustbein schmal, gleichbreit, reicht bis über die Wurzel der Vorderschenkel, sein spitzes Ende ist nach oben gebogen, es hat nur eine Quernaht. Schulterblätter klein und von oben fast gar nicht bemerkbar. Schenkel grün glänzend mit schwarzen zerstreuten Punkten, aus denen gelbe kurze Borsten entspringen; die dem Körper zugekehrte Fläche ist schwarz. Schienen rothbraun mit schwarzen Enden, die vordersten außen mit einem stumpfen Zahn, die hintern innen mit einer gelben Haarreihe; Füße schwarz.

10. Cetonia fasciolata.

C. atra, submetallica, clypeo integro, thorace rude punctato, linea laterali striola punctoque utrinque albis, elytris subpilosis, bicarinatis: fasciolis plurimis luridis.

In Brasilien, St. Catharina.

Länge $5\frac{1}{2}$ Lin., Gestalt der C. hirta. Hauptfarbe schwarz, mit metallischem Glanze, der auf dem Kopfe und Halsschilde kupfrig ist. Kopf länglicht, platt, nackt, runzlicht, mit einer langen Grube an beiden Seiten; an den Seiten breit, vorn schmal gerandet, fast gerundet. Fühler schwarz, Kolbe groß, eiförmig. Halsschild lang, Seiten gerandet, in der Mitte eckig erweitert, hinten über dem Schildchen stark ausgeschnitten; schwach gewölbt, nackt, an den Seiten dicht, nach der Mitte zu zerstreut mit Grübchen besetzt; in der Mitte der Länge nach glatt; die Vertiefung des äußern Randes, ein kurzer Längsstrich auf jeder Seite in der Mitte und ein Punkt unter demselben mit schmutzig weißen Schuppen bedeckt. Schildchen ziemlich groß, glatt, nackt, an jeder Seite an der Wurzel ein Eindruck; der Vorderrand wird von gelben Haaren bedeckt, welche an der Unterseite des Halsschildes sitzen.

Flügeldecken an der Wurzel um vieles breiter, als das Halsschild, mit starkem Seitenausschnitt, hinten fast abgestumpft, Schulterbeule groß, zwei breite glatte abgeplattete erhöhte Linien fangen vorn unmerklich an, laufen auf der Mitte der Flügeldecken dicht neben einander gerad nach hinten und verbinden sich hier in einer kleinen Beule; am Schildchen eine dreieckige glatte Stelle mit einzelnen Punkten; auf dem ersten Zwischenraume eine feine Längsfurche und viele flache Grübchen, letztere auch auf dem zweiten Zwischenraume; der dritte Zwischenraum fein und dicht querrunzlich, wie auch am Hinterrande; einzelne kurze gelbe Härchen sind über die ganze Oberfläche zerstreut; sie sind ferner wie viele kleine geschlängelte abgekürzte Binden bezeichnet, die aus schmutzig weißen Schuppen bestehen; zwischen der äußern erhöhten Mittellinie und der Naht befinden sich drei hintereinander, von denen die vorderste unge=

fähr in der Mitte liegt; am äußern Rande viele kleine Querstriche und Schuppenpunkte und eine ausgezeichnete sehr geschlängelte Binde, die vom äußern Rande bis zur innern erhöhten Linie reicht.

Unterseite des Kopfs, Halsschildes, Seiten der Brust und des ersten Bauchringes dicht mit langen gelben Haaren besetzt, auch finden sich einige Haare am äußern Rande der übrigen Bauchringe; die übrigen glatten Theile sehr zerstreut punktirt; Brustbein breit, schwach gewölbt, vorn gerundet. Beine behaart, Vorderschienen außen zweizähnig, hintere Schienen, außen mit einem starken Zahn in der Mitte.

Cetonia variegata F. scheint dieser sehr ähnlich zu seyn.

11. Aphodius aleutus.

A. capite trituberculato, ater; thoracis dense punctati angulis, elytris pedibusque rufopiceis, elytrorum striis punctatis, interstitiis seriebus punctorum subtilissimis.

Auf der Insel Unalaschka.

Länge $2\frac{2}{3}$ Lin. Gestalt des Aph. fimetarius. Kopf schwarz, punktirt, vorn etwas aufgeworfen und ein wenig ausgeschnitten, bei beiden Geschlechtern mit drei Höckern auf einer schwachen Querlinie; der mittlere Höcker beim Männchen quer und höher, als die seitlichen, beim Weibchen der Länge nach und glatt. Fühler und Taster braun, letztere mit schwarzem Endgliede. Halsschild breit, beim Männchen sehr stark gewölbt, Vorderecken gar nicht vorstehend, Hinterrand zweimal schwach ausgeschnitten, ziemlich grob und gleichmäßig punktirt, schwarz, mit einem großen rothbraunen Flecke in den Vorderecken; beim Weibchen auch der schmale Seitenrand schmutzig gelbroth. Schildchen nicht groß, spitz, schwarz, grob punktirt.

Flügeldecken beim Männchen kaum breiter, als das Halsschild, stark gewölbt, flach gestreift, in den Streifen Quereindrücke und auf den Zwischenräumen zwei nicht sehr regelmäßige Reihen sehr feiner von einander entfernter Punkte; die Farbe schmutzig rothbraun, Naht etwas schwärzlich. Unterseite des Körpers schwarz, punktirt, After behaart. Beine rothbraun, Gelenke schwärzlich, Vorderschienen mit drei langen gekrümmten Zähnen.

12. Copris assifera.

C. atra, clypei apice reflexo bidentato, elytris striatis; mas thorace medio prominente bilobo, capite lamina alta transversa; foemina mutica.

In Brasilien, St. Catharina.

Länge des Männchens 9 Linien. Die folgende Beschreibung ist die eines Männchens, welches ich in Gesellschaft zweier Weibchen antraf; den letztern fehlten Kopfplatte und Vorragungen des Halsschildes, da sie mir aber nachher entkamen, so kann ich weiter nichts von ihnen anführen. Der ganze Körper schwarz, glänzend. Kopf rautenförmig, die hintern Seitenränder, welche von den Augen aus mehr nach vorn als nach außen treten, kurz, gerade, ungerandet; vordere Seitenränder lang, etwas nach außen gebogen, schmal aufgeworfen, in der Mitte vorn zwei große vorstehende abgerundete Zähne; vor den Augen eine von einem zum andern sich erstreckende aufrechte hohe Querplatte, welche oben scharfkantig und gerade abgeschnitten ist; die undeutlich gerundete Fläche zwischen Platte und Endzähnen stark ausgehöhlt. Taster und Fühler rothbraun, die fast kuglige Kolbe der letztern gelbbraun. Halsschild viel breiter, als lang, rundum schmal gerandet, mit stark vorstehenden spitzen Vorderecken, Seiten in der Mitte etwas erweitert, hinten verengert, Hinterecke sehr stumpf, Hinterrand gerundet; Oberfläche etwas undeutlich fein punktirt, an jeder Seite eine tiefe Grube, vorn abschüssig, aber nicht sehr hoch; die abgerundete Kante in der Mitte in zwei neben einander liegende abgerundete Höcker vortretend.

Flügeldecken an der Wurzel schmäler als das Halsschild, in der Mitte etwas erweitert, stark gewölbt, auf dem Rücken weniger stark, als an den Seiten und hinten; ziemlich stark gestreift, Streifen mit vielen kleinen Quereindrücken, Zwischenräume fein und dicht punktirt. Mundtheile, Vorderrand des Unterhalses und Wurzel der Vorderbeine rothbraun behaart; Seitentheile des Unterhalses und die stark punktirte Brust dagegen, so wie einzelne Kanten der Beine schwarz behaart. Vorderschienen mit vier stumpfen Zähnen, hintere Schienen außen sägeförmig.

13. Copris torulosa.

C. atra, capite thoraceque tuberculo obsoleto, clypeo transversim rugoso, thorace alutaceo, pectore excavato, metatarsis transversis lunatis.

In Chili, Conception.

Länge $7\frac{1}{2}$ Linien. Körper ganz schwarz, glänzend.

Kopf halbmondförmig, Vorderrand schwach aufgebogen, in der Mitte sehr schwach ausgeschnitten, im punktirten Nacken eine kurze undeutliche erhabene Querlinie, ganze Oberfläche des Kopfschildes querrunzlich. Fühler rothbraun, Kolbe länglicht, grau. Halsschild breiter, als lang, rundum schmal gerandet, Vorderecken vorstehend, schief nach außen abgeschnitten, Seiten bis zur Mitte gerade, gleichbreit, sodann stark nach innen und hinten bogig verlaufend; Hinterecken sehr stumpf, Hinterrand gerundet; ganze Oberfläche gekörnt, an den Seiten vereinigen sich mehrere Körner zu Runzeln; vorn in der Mitte ein kleiner querer Höcker, hinter welchem eine flache Grube und hinter dieser eine flache Längsfurche; Seitengruben sehr tief, von ihnen bis zur Vorderecke verläuft eine hohe Kante.

Flügeldecken an der Wurzel etwas schmäler, als das Halsschild, in der Mitte wenig breiter, stark gewölbt, mäßig tief gestreift mit kleinen Quereindrücken in den Streifen, Zwischenräume erhaben, gewölbt, glatt, glänzend. Kopf und Halsschild an der Unterseite so wie Seiten der Brust und Beine schwarzbraun behaart; Brust gekörnt, mit einer dreieckigen Vertiefung der ganzen Länge nach, Vertiefung hinten am breitesten und im Grunde gefurcht; Schenkel punctirt; Vorderschienen kurz, breit, außen mit drei stumpfen Zähnen, Knöchel am Ende nach innen gebogen; Hinterschienen am Ende sehr breit; erstes Glied der hintern Füße sehr breit, kurz, halbmondförmig, äußerer Fortsatz länger, als der innere; der zweite viel kleiner, breit, mit spitzen Hinterecken.

Ob die drei von mir gesehenen sich gleichen Exemplare alle einem Geschlechte (vielleicht Weibchen?) angehörten, kann ich nicht entscheiden, da mir bei Copris kein äußeres Geschlechtsmerkmal bekannt ist.

14. Copris Babirussa.

B. nigro aenea, thoracis punctatissimi marginibus, femoribus vittisque pectoris flavis, elytris ferrugineis,

mas: capite cornubus duobus subarcuatis, clypeo acuminato, reflexo;

foemina: capite carina transversa obsoleta, clypeo rotundato flavo.

Auf der Insel Luzon, bei Manilla.

Länge des einzigen eingefangenen Männchens wenig über 3 Linien. Oberfläche ganz nackt. Kopf schwarz, grünlich metallisch glänzend, platt, groß, so lang als breit, undeutlich dicht punktirt, im Nacken an jeder Seite ein an der Wurzel breites plattes Horn, das wenig gekrümmt, nämlich anfangs etwas nach außen, dann nach innen gekrümmt ist; Seiten des Kopfs vor den Augen etwas nach außen erweitert, dann gerad nach vorn verlaufend, und indem sie eine große stumpfe Ecke gebildet, treten sie plötzlich nach vorn und innen, wodurch das Kopfschild eine ziemlich lange ungetheilte Spitze erhält, die unter einem rechten Winkel aufgebogen ist. Augen oben länglich, schmal, metallisch, unten bräunlich. Fühler rothbraun, Kolbe gelblich rundlich.

Halsschild breit kurz, Vorderecken stark vorstehend, spitz, Seiten fein gerandet, bis zur Mitte erweitert, hinter der Mitte bogig einwärts tretend; Hinterecken undeutlich, Hinterrand fein gerandet, bogig; Oberfläche dicht stark punktirt, vorn stark abschüssig, fast glatt;

eine schwache Mittelfurche reicht vom Hinterrande bis zur Mitte, Seitengrübchen flach, Hauptfarbe schwarz mit einem grünlichen und kupfrigen Glanze; Seiten sehr breit gelb mit zwei schwarzen Punkten, von denen einer auf dem Seitengrübchen, der andere mehr nach hinten steht; Hinterrand und die kurze Mittelfurche schmal gelb.

Flügeldecken schmäler als das Halsschild, fein gestreift, Streifen mit vielen kleinen Quereindrücken; Zwischenräume dicht punktirt, gelbbraun, am Vorderrande heller, Streifen schwarz. Mundtheile, Unterseiten des Halsschildes und Seiten der Brust gelb behaart. Unterhals schwarz, vordere Hälfte der Unterseiten des Halsschildes gelb, hintere schwarz. Brust in der Mitte glatt mit einer Längsfurche, an den Seiten punktirt; schwarz, nach außen vor der Wurzel der mittlern Beine ein großer breiter, innerhalb ein langer gelber Fleck. Bauch und Afterdecke gelbbraun. Schenkel gelb, Schienen und Füße braun; Vorderschienen breit mit drei großen gekrümmten und einem kleinen Zahne, Hinterschienen außen mit zwei undeutlichen Zähnen.

Ein anderes nur zwei Linien langes Exemplar einer Copris halte ich für ein Weibchen dieser Art, vielleicht ist es eine seltnere Varietät; es fand sich in demselben Dunghaufen mit dem eben beschriebenen Männchen. Das Kopfschild weicht am meisten von dem des Männchens ab, was aber nicht wider die Analogie streitet; indem wir dasselbe bei austriaca kennen. Kopf kürzer als breit, vorn etwas vorgestreckt aber stark abgerundet, schmal aufgeworfen, dicht punktirt, im Nacken mit zwei kurzen Querkanten, die in einer Reihe liegen; Nacken schwarzgrün, eine vor den Augen schief zum

Rande verlaufende Linnie grün, das übrige gelbbraun; Halsschild flach, von demselben Umrisse, wie beim Männchen, stärker punctirt, schwarz mit Kupferglanz; Vorderrand schmal, Seiten breit und Hinterrand undeutlich gelbbraun; Seiten mit einem freien und einem andern mit der mittlern Farbe verbundenen dunklen Fleck; Flügeldecken stärker punktirt, gleichmäßig schmutzig braun; Unterseite des Körpers und Schenkel ganz wie beim Männchen gezeichnet; Schienen am Ende gelb, Vorderschienen schmal mit drei stumpfen Zähnen; Vorderfüße fehlen.

15. Copris terminata.

C. nigro fusca, supra brevissime pilosa, clypeo rugoso, elytris maculis lateralibus apiceque flavis: macula atra apicali,

mas: clypeo reflexo, emarginato, pygidio flavo marginato;

foem: clypeo truncato, plano, pygidio flavo.

Auf der Insel Luzon, bei Manilla.

Länge $1\frac{1}{2}$ bis $1\frac{4}{5}$ Linien. Körper platt gedrückt, unten pechbraun, oben schwarzbraun mit etwas metallischem Glanze auf Kopf und Halsschild; Halsschild und Flügeldecken mit sehr kurzen rückwärtsliegenden gelben Borsten besetzt, die auf dem Halsschilde zerstreut, auf den Flügeldecken aber in Reihen stehen. Kopf kurz, breit, platt, im Nacken weitläuftig punktirt, dicht neben jedem Auge eine kurze schiefe nicht hohe Kante. Kopfschild stark querrunzlicht, beim Männchen gerundet, schmal aufgeworfen und in der Mitte ziemlich tief ausgeschnitten, beim Weibchen platt und vorn fast gerad abgeschnitten; Fühler roth, Kolbe braun.

Halsschild breit, sehr kurz, vorn und hinten ungerandet, Vorderecken etwas vorstehend, spitz, Seiten breit aufgeworfen gerandet, bis zur Mitte erweitert, dann schwach einbiegend sich verschmälernd, Hinterecken stumpf, Hinterrand gerundet; Oberfläche mäßig gewölbt, weitläuftig grob punktirt, Seitengrübchen glatt.

Flügeldecken etwas breiter, als das Halsschild, Streifen punktirt, glänzend, Zwischenräume matt mit zwei Borstenreihen, Naht glänzend erhaben, Oberfläche platt, schwarz, seltner kastanienbraun, mit gelbrothen Flecken: ein kleiner auf der Schulter (zuweilen undeutlich), ein zweiter länglichter an den Seiten hinter der Mitte und der ganze abschüssige Theil am Hinterrande gelb; auf letzterm steht ein kleiner schwarzer Querfleck in der Mitte.

Unterseite pechbraun, etwas behaart, Brust punktirt; Afterdecke beim Männchen braun mit gelben Rändern, beim Weibchen ganz gelb. Beine pechbraun, Vorderschienen des Männchens breit; außen mit vier starken Zähnen, beim Weibchen schmal und mit undeutlichen Zähnen.

16. Megathopa.

Palpi labiales articulis duobus planis, basali quadrato maximo.

Labium transversum.

Tibiae anticae tarsis instructae; mediae intus apice bispinosae.

Clypeus bidentatus.

Aus der Familie der Scarabaeiden mit zehngliedrigen Fühlern und verlängerten gleichbreiten Hinterschienen.

Labrum membranaceum, quadratum, sub clypeum reconditum.

Mandibula brevis recta, basi coriacea, apice membranacea, rotundata, ciliata.

Maxilla trunco corneo; laciniis membranaceis: externa reniformi maxima; interna oblonga angusta.

Ligula membranacea, labio intus adnata ejusque latitudine, bipartita: laciniis apice dilatatis rotundatis; paraglossis apice dilatatis acutis.

Labium corneum transversum integrum.

Palpi maxillares filiformes; articulo ultimo elongato acuto, medio incrassato; labiales labii apice inserti; articulo primo traperiformi plano latissimo corneo, extus punctato piloso; ultimo minimo ovato glabro (Tab. I. Fig. 3. b.).

Antennae clavato lamellatae, articulis novem; articulo primo longissimo basi apiceque clavato, secundo globoso, tertio quartoque oblongis clavatis, 5 et 6 brevibus triangularibus, tribus ultimis magnis clavam formantibus: clava subglobosa extus fere excavata.

Die in Chili bei Conception vorkommende diese Gattung bildende Art erhält den Namen Megathopa villosa. Tab. I. Fig. 3. a.

Länge 11 Linien, Gestalt fast ganz eines eigentlichen Ateuchus; Körper ganz schwarz, glänzend, oben nackt; Kopf sehr breit, kurz, Vorderrand im Ganzen ein großer Bogen, schwach aufgeworfen mit spitzen Seitenecken; Kopfschild an den Seiten durch eine schiefe Furche getrennt; wo diese am äußern Rande ausläuft, bildet der Seitenrand des Kopfs eine kleine vorstehende abgerundete Ecke; Kopfschild am Ende mit zwei großen runden Zähnen, hinter ihnen stark ausgehöhlt; Oberfläche des Kopfs schwach gewölbt, punctirt, etwas matt; auf dem Kopfschild flache Grübchen. Fühler pechbraun nackt, Kolbe groß gelb. Augen oben klein, flach, unten kuglicht.

Halsschild noch einmal so breit, als lang, rundum schmal gerandet, Vorderrand in der Mitte schwach ausgeschnitten; Seiten etwas vorstehend, gerad abgeschnitten, Vorderecken etwas nach außen tretend, scharfeckig; Seiten anfangs fast gerade nach hinten verlaufend, dann in der Mitte sich stark erweiternd, hinter der Mitte allmählig schmäler werdend; Hinterecken unbemerkbar, Hinterrand in ddr Mitte fast gerade, an den Seiten gegenüber den Schultern der Flügeldecken schwach ausgeschnitten; Oberfläche schwach gewölbt, überall gleichmäßig dicht punctirt, in der Mitte eine schwache glatte Längslinie, an jeder Seite ein Hügelchen.

Flügeldecken an der Wurzel etwas schmäler, als das Halsschild, breit herabhängend, vor der Mitte verschmälert sich der herabhängende Rand sehr und verschwindet ganz; hinten fast abgeschnitten, Oberfläche mit neun sehr feinen platten undeutlichen Längslinien, von denen die achte in ihrem vordern Drittheile kantig ist und die neunte in der Mitte den äußern Rand erreicht; es verbinden sich die 5te mit der 6ten, 4 mit 7, 3 mit 8; Zwischenräume etwas matt, mit sehr feinen zerstreuten glänzenden Punkten; auf dem zweiten Zwischenraume mehre hintereinanderliegende Quergrübchen; Flügel vollkommen.

An der Unterseite Kopf, Hals und Brust mit langen feinen gelbbraunen Haaren dicht besetzt, Brust punktirt. Vordere Schenkel dick, Hinterschenkel schlank, alle behaart; Vorderschienen gerade, oben und unten mit einer Längskante, außen gegen das Ende zu mit drei sehr langen zugespitzten Zähnen; Räume zwischen den Zähnen und hinterer äußerer Rand der Schiene stark sägeförmig; Knöchel kurz, spitz, nach außen gekrümmt; mittlere Schienen kurz, etwas keulenförmig, dreikantig, außen mit zwei kleinen spitzen Zähnen, am Ende außen ein kurzer breiter, und innen zwei lange Stachel, von denen einer breit, der andere fein ist; Hinterschienen ziemlich lang, vierkantig, in der Mitte etwas verdickt, außen sägeförmig, am Ende außen mit einem kurzen dicken, innen mit einem langen nach innen gekrümmten Stachel und einem Haarbüschel: innere Kante der hintern Schienen mit einer Reihe gelblicher Borsten. Füße der Vorderbeine kurz, walzenförmig, pechbraun, erstes und letztes Glied die längsten; hintere Füße schwarz, zusammengedrückt, Glieder mit braunen Borsten am Ende; Klauen lang.

17. Deltochilum.

Palpi labiales articulis duobus planis magnis; basali introrsum hamato.

Labium subquadratum.

Tibiae anticae intus dentatae (tarsis nullis).

Thorax antice profunde emarginatus.

Aus der Familie der Scarabaeiden mit neungliedrigen Fühlern und verlängerten gleichbreiten Hinterschienen.

Delt. dentipes, atrum, elytris rugosis, femoribus anticis tibiisque posticis intus unidentatis (Tab. I. Fig. 4. a.).

In Brasilien, St. Catharina.

Etwas über einen Zoll lang, mit Ateuchus gibbosus nahe verwandt, welcher ebenfalls zu dieser Gattung zu gehören scheint.

Labrum membranaceum, cordatum, sub clypeum reconditum.

Mandibula membranacea, brevis, obtusa.

Maxilla uti in Megathopa descripta.

Labium corneum, quadratum, basi angustatum.

Ligula labio intus adnata, bipartita; laciniis apice rotundatis.

Palpi maxillares elongati; articulis tribus brevioribus clavatis, ultimo longitudine praecedentium omnium simul sumptorum, basi apiceque attenuato; labiales articulis duobus basalibus maximis planis extus punctatis: articulo primo transverso intus hamato, secundo reniformi transverso, tertio minimo cylindrico elongato (Tab. I. Fig. 4. b.).

Antennae clavato lamellatae, novem articulatae: articulo primo longissimo basi apiceque incrassato, secundo globoso, tertio quartoque oblongis, quinto et sexto brevibus triangularibus, ultimis tribus magnis clavam elongatam conformantibus.

Körper schwarz, matt, nackt. Kopf breit, herabhängend, Seiten in der Mitte mit einer sehr stumpfen Ecke, vorn mit zwei sehr kleinen durch einen großen kaum ausgeschnittenen Zwischenraum von einander entfernten etwas aufgebogenen Zähnchen; Oberfläche fein punktirt, runzlicht. Augen oben flach, fast rund und ziemlich groß. Fühler schwarzbraun mit grauer Kolbe.

Halsschild fast noch einmal so breit, als lang, rundum sehr schmal gerandet, vorn zur Aufnahme des Kopfs sehr tief ausgeschnitten, Vorderecken spitz; Seiten in der Mitte stark fast eckig erweitert, Hinterecken sehr stumpf, Hinterrand sehr stark nach hinten gebogen; Oberfläche in der Mitte gewölbt, Seitentheile ziemlich flach; sehr fein runzlich punktirt, mit einer schwachen hintern Mittelfurche; außer den beiden gewöhnlichen Seitengrübchen noch einige sehr flache gegen die Mitte und in den Vorderecken.

Flügeldecken an der Wurzel viel schmäler, als das Halsschild, zusammengewachsen, mit spitzer Schulterecke, vor der Mitte erweitert, hinten fast schief abgeschnitten, an den Seiten tief herabhängend; eine halbe Linie von dem äußern untern Rande läuft eine ihr parallele schwache gebogene Kante; eine zweite hohe Kante fängt von der Schulterecke an, bildet anfangs einen nach oben gerichteten Bogen und verläuft dann gerade nach hinten, und eine dritte gleich hohe Kante entspringt nach innen von der vorigen und dicht neben ihr, aber über eine Linie weit hinter der Schulterecke, entfernt sich nach hinten zu immer mehr von der vorigen und endigt in einer Querkante am Hinterrande, welche noch fünf sehr kurze hohe Längskanten trägt; Oberfläche ziemlich flach, nur von vorn nach hinten etwas gewölbt, mit kurzen verworrenen fein gekörnten Querrunzeln besetzt, die durch sehr undeutliche Längsstreifen unterbrochen werden; die der Naht am nächsten stehenden Runzeln sind am stärksten.

Unterseite ganz glatt mit feinen Grübchen besetzt; Brust in der Mitte mit einer tiefen rautenförmigen gefurchten Grube, die an ihrem vordern Ende mit einem kleinen Höcker bewaffnet ist, Bruststück flach; Bauch mit einer breiten nach vorn und hinten zugespitzten erhöhten glänzenden Platte; Afterdecke senkrecht, länger als breit mit abgerundeter Spitze und fast flacher matter Oberfläche.

Vorderschenkel sehr dick, kurz, nach vorn erweitert mit einem großen Zahn in der Mitte des Vorderrandes, welcher braun behaart ist; Vorderschienen lang, schmal, nach innen gekrümmt, außen fein gezähnt, mit drei größeren stumpfen Zähnen am vordern Ende, statt des Knöchels eine nach innen gebogene lange stumpfe Spitze; am innern Rande der Schiene erweitert sich eine Kante und bildet nach der Wurzel derselben eine zahnförmige scharfe Ecke; Vorderfüße fehlen. Schenkel der mittlern Beine schmal, kurz, gerade, an der Wurzel nach hinten mit einem sehr stumpfen breiten Zahne; Schienen kurz, stark gekrümmt, vierkantig, mit zwei Stacheln am Ende. Hinterschenkel schmal, lang, stark gekrümmt; Schenkeldorn mit einem braun behaarten dem Bauche nähern platten Zahn; Hinterschienen sehr lang, schmal, vierkantig, erst nach außen und dann nach oben gekrümmt, innen vor dem hintern Ende mit einem großen stumpfen Zahn und schwach behaart, das Ende der Schiene ist nach innen seitwärts verlängert, bildet nach hinten einen stumpfen Zahn und hat innen

einen

einen Stachel. Die vier Füße lang, aus gleichen zusammengedrückten Gliedern bestehend und mit langen wenig gekrümmten Klauen bewaffnet.

18. Hydrophilus spinicollis.

H. ater, antennis palpisque pallidis, elytris seriebus punctorum paucis, sterno collari medio emarginato, postice hamato.

Aus Ostindien.

Länge $6\frac{1}{2}$ Linien, dem H. caraboides sehr ähnlich, aber kleiner schmäler und viel flacher. Farbe des Körpers schwarz, oben mit wenigem olivengrünem Schimmer. Kopf ganz so beschaffen, wie bei caraboides. Fühler einfarbig gelb mit gräulicher Kolbe. Taster gelb. Halsschild fast ganz so wie bei caraboides, nur schwächer gewölbt. Vorderrand in der Mitte sehr vorstehend und Vorderecken viel weniger abgerundet, wodurch der Seitenrand ziemlich gerade erscheint. Schildchen schmäler, als bei jenem.

Flügeldecken schmal, schwach gewölbt, besonders hinten nicht abschüssig, mit spitzen Enden, sehr fein punktirt, mit fünf Längsreihen grober etwas zerstreut stehender Punkte, in jedem Zwischenraume zwei etwas undeutliche Reihen feiner Punkte. Flügel vollkommen. Unterseite des Körpers schwarz, matt. Halsbein eine hohe zusammengedrückte Platte, welche vorn abgerundet, in der Mitte ausgeschnitten und hinten mit einem rückwärts gebogenen starken Stachel versehen ist. Das lange Brustbein wie bei coraboides, nur zwischen dem mittlern und hintern Beinpaare vertieft, so daß man hier einen flachen Ausschnitt bemerkt, wenn man es von der Seite betrachtet. Beine schwarzbraun, mit etwas röthlich schimmernden Vorderschenkeln und rothbraunen Füßen.

19. **Hydrophilus semicylindricus.**

H. ater, semicylindricus, antennis pedibusque rufo piceis, elytris dense punctato striatis, sterno collari inermi, pectorali antice processu magno separato.

Auf den Sandwichsinseln (auf Wahu), in den Feldern von Calladium esculentum.

Länge $4\frac{1}{2}$ Linien und halb so breit. Farbe schwarz, oben stark glänzend, Halsschild und Flügeldecken ziemlich gleichbreit und stark querüber gewölbt. Kopf breit fast viereckig, etwas kupfrig glänzend, deutlich dicht punktirt, an der innern Seite der Augen eine länglichte stark punktirte Grube, so wie in der Nähe der Vorderecken mehrere grobe Punkte. Fühler rothbraun mit grauer Kolbe. Taster rothbraun.

Halsschild breit kurz, Vorderrand in der Mitte sehr wenig vorstehend, Seiten fast gerade, Ecken abgerundet, Oberfläche fein punktirt, fast von der Mitte bis zum Vorderwinkel verläuft eine ununterbrochene nach oben gebogene Linie aus einzelnen groben Punkten, eine andere kürzere aber punktreichere bemerkt man in einiger Entfernung vom Hinterwinkel. Schildchen länglicht stumpf, fein punktirt.

Flügeldecken mit zehn regelmäßigen Reihen dicht stehender starker Punkte, zu denen an der Wurzel zwischen der ersten und zweiten eine sehr kurze mit der ersten sich verbindende hinzukömmt; Zwischenräume sehr fein punktirt; außerdem kommen die bei H. caraboides und dem vorher beschriebenen wenigen etwas unregelmäßigen Reihen gröberer Punkte auch hier vor, nämlich im 3ten, 5, 7 und 9ten Zwischenraume.

Unterseite des Körpers schwarzbraun, matt; jeder Bauchring an der Seite mit einem rothbraunen Fleck, Afterglied am Ende mit einem Einschnitt. Halsbein keilförmig, unbewaffnet; Brustbein hat einen vor den mittlern Beinen liegenden abgetrennten breiten Fortsatz in senkrechter Richtung; hinter den mittlern Beinen ist er nur eine unbedeutende Längskante, sein dreieckiges spitzes hinteres Ende ragt zwischen den Wurzeln der Hinterbeine vor. Beine pechbraun mit rothbraunen Gelenken; alle Schienen durch kurze rostfarbene Borsten stachlicht.

20. Elophorus auricollis.

E. capite thoraceque viridi-aureis, punctato rugosis, thorace angulis acutis quinquesulcato: sulcis laevibus; elytris griseis, interstitiis striarum alternis carinatis.

Auf Unalaschka.

Länge $1\frac{1}{2}$ Linien, etwas breiter wie E. granularis L., Gyllh. Kopf breit, fast dreieckig, zwischen den Augen eine bogige Querfurche, zu der eine kurze Längsfurche des Nackens stößt; Kopfschild groß, in der Mitte zu einer starken Beule erhoben, ganze Oberfläche goldgrün, stark runzlich punktirt. Halsschild goldgrün, sehr breit und kurz, mit geradem Vorderrande, Vorderecken vorstehend, breit, spitz mit aufgeworfenen Vorderrändern, Seiten breit gerandet, nach hinten sich verschmälernd, Hinterecken scharf, Hinterrand ungerandet, in der Mitte stark vortretend; Oberfläche querüber schwach gewölbt, runzlicht punktirt, mit fünf breiten im Grunde glatten glänzenden Furchen, von denen die zweite und vierte stark geschlängelt, die äußern aber nur in der Mitte nach außen einen Vorsprung haben. Schildchen schwärzlich.

Flügeldecken in der Mitte erweitert, hinten spitz, gelblich-braun mit einem undeutlichen gelblichen Fleck in der Mitte, durch sehr grobe dicht stehende Punkte gedrängt gestreift, Zwischenräume schmal, glatt, glänzend, der 3te, 5, 7, 9te Zwischenraum kantenförmig erhöht. Unterseite des Körpers schwärzlich, matt, Bauchringe mit weißlich grau behaarten Rändern. Fühler, Taster und Beine gelbbraun.

Von Eloph. aquaticus L. unterscheiden ihn viel mindere Größe, gerade Seitenränder und glatte Furchen des Halsschildes; von granularis etwas breiterer Körper, runzlicht punktirter Kopf und Halsschild, scharfe Hinterecken des Halsschildes und erhabene Zwischenräume der Flügeldeckenstreifen.

21. Ips lineola.

I. lineari elongata, depressa, brunnea, elytris medio striatis, lineola basali lunulaque media transversa tarsisque pallidis.

In Chili, Conception.

Länge kaum 2 Linien. Farbe des schmalen plattgedrückten Körpers schwarzbraun, wenig glänzend. Kopf schwach gewölbt, dicht punktirt, vor jedem Auge eine kleine und im Nacken eine große Grube. Fühler schwarzbraun; Kolbe groß, länglicht, platt, schwarz mit feinem grauen Haarüberzuge. Augen schwarz.

Halsschild etwas breiter wie lang, viereckig, Vorderrand gerade, ungerandet, Vorderecken vorstehend breit, nach außen spitz, Seitenränder breit gerandet, in der Mitte sehr wenig erweitert, Hinterecken spitz, Hinterrand schmal gerandet, der mittlere Theil gerade mit etwas nach vorn gewandten Seitentheilen; Oberfläche an den Seiten ziemlich stark, in der Mitte fast gar nicht gewölbt, gleichmäßig fein gewölbt, am Seitenrande in der Mitte und in den Vorderecken eine flache Grube (wie bei den meisten übrigen Arten), die schmalen Seiten etwas heller braun, als der übrige Theil. Schildchen abgerundet, etwas punktirt.

Flügeldecken etwas breiter als das Halsschild, gleichbreit mit spitzen Schulterecken und erhabener Schulter, am Ende plötzlich abgerundet, hintere Nahtecke (beim einzigen Exemplare) spitz, Oberfläche schwach gewölbt, hinten fast flach, ziemlich stark zerstreut punktirt; in der Mitte zwei deutliche und einige undeutliche Längslinien, die von der Wurzel anfangen, aber das Ende nicht erreichen; an der Wurzel in der Mitte steht ein schmaler ziemlich langer Längsfleck von hellgelber Farbe, der in der Mitte von einem hellbraunen Querfleck fast getheilt wird; in der Mitte der Flügeldecken befindet sich ein breiter vorn etwas ausgeschnittener hellgelber Querfleck.

Unterseite des Körpers pechbraun, ziemlich grob punktirt, an den Seiten mit einem sehr kurzen undichten grauen Haarüberzuge. Beine pechbraun mit gelbbraunen Füßen.

22. Nitidula musophaga.

N. depressa, ferruginea, thorace elytris latiore, elytris sulcatis: sulcis foveolatis, interstitiis carinatis, seriatim pilosis.

In Brasilien, St. Catharina, in einem faulenden Bananenstamme.

Fast 3 Linien lang, Halsschild $1\frac{1}{2}$ Linien breit. Farbe des ganzen Körpers oben dunkel, unten hell rothbraun. Kopf breit, fein runzlicht, vorn zwei tiefe Gruben nebeneinander, Kopfschild schmal, viereckig. Augen klein, schwarz. Kinnbacken breit, dreieckig, hakenförmig. Fühler fast so lang als das Halsschild, rothbraun mit großer rundlichter platter schwärzlicher Kolbe. Halsschild sehr breit, kurz, vorn stark ausgeschnitten, Vorderrand in der Mitte etwas vorstehend und erhaben, mit spitzen Vorderecken, Seiten ungerandet, sehr fein gekerbt, erweitern sich vor der Mitte, Hinterecken vorstehend spitz, Hinterrand in der Mitte ziemlich gerade; Oberfläche fein runzlicht, ein kleiner mittlerer Theil ganz platt, an den Seiten schwach gewölbt, gegen die Hinterwinkel zu eine kurze schiefe etwas undeutliche Kante.

Flügeldecken fast so breit als das Halsschild, nach der Spitze zu allmälig schmäler werdend, mit abgerundeter Spitze, Seiten ungerandet aber breit abgesetzt, flach, fein runzlicht punctirt; mittlerer Theil erhöht, auf dem Rücken flach, mit sieben Längsfurchen, die bis zum Hinterrande reichen und durch dichte Quergrübchen uneben sind, Zwischenräume kantenförmig mit einer einfachen Reihe kurzer gelber rückwärts liegender Haare. Unterseite des Körpers und Beine punktirt, nackt; nach hinten gerichtetes Halsbein runzlicht, am Ende breit. Vier Fußglieder an allen Beinen sind unten mit einem gelben langen Filze gepolstert.

23. Nitidula squamata.

N. supra fusca, squamosa, subtus rufo ferruginea, thorace antice profunde emarginato, scutello minuto rotundo, elytris dense punctato striatis acuminatis.

Auf der Insel Luzon, bei Manilla.

Länge zwei Linien, Farbe oben schwärzlich braun, unten dunkel rothbraun. Kopf viereckig, platt, vorn gerade abgeschnitten, dicht grob punktirt, mit kurzen breiten gelbbraunen Schuppen in den Punkten. Augen schwarz. Fühler viel kürzer als das Halsschild, schwarzbraun, grau behaart, Kolbe nicht sehr groß, eiförmig, platt. Halsschild sehr breit kurz, mittlerer Theil des Vorderrandes gerade, mit weit vorstehenden zugespitzten Vorderecken, Seiten erweitern sich nach hinten zu immer mehr, biegen aber vor den spitzen Hinterecken wieder ein, Hinterrand gerandet in der Mitte vorstehend, an den Seiten gerade, der größte mittlere Theil des Halsschildes gewölbt, Seiten breit platt und röthlichbraun durchscheinend; alles grob punktirt mit Schuppen. Schildchen sehr klein, rund mit Schuppen.

Flügeldecken an der Wurzel etwas breiter, als das Halsschild, anfangs gleichbreit, aber am hintern Ende verschmälern sie sich so sehr, daß die Enden zugespitzt erscheinen; Endspitze selbst jedoch stumpf; Seiten platt breit abgesetzt, rothbraun mit aufgeworfenem Rande; mittlerer Theil der Flügeldecken gewölbt mit neun Reihen grober dicht zusammenstehender Punkte, Zwischenräume flach, glatt glänzend mit einer Reihe Schuppen. Unterseite des Körpers durch sehr feine Querstriche matt, nackt, Beine rothbraun.

24. Nitidula littoralis.

N. supra olivacea, pubescens; thoracis marginibus, ore, antennis, pedibus abdominisque limbo testaceis, clypeo distincto, elytris dimidiatis.

Auf den Koralleninseln der Südsee, Radack, in den vom Meere ausgeworfenen faulenden Früchten.

Länge $1\frac{1}{2}$ Linien, schmal. Farbe oben dunkel olivengrün, etwas metallisch glänzend, mit einem feinen undichten anliegenden gelben Haarüberzuge, der auf den Flügeldecken dichte Reihen bildet. Kopf in der Mitte breit, mit einem schmalen Halse, Kopfschild durch eine bogige eingedrückte Linie abgetrennt, schmal; Oberfläche schwach gewölbt, fein punktirt; Kinnbacken und Fühler gelb; letztere reichen bis zur Hälfte des Halsschildes mit runder platter großer schwärzlicher Kolbe. Augen schwarz.

Halsschild breit, nicht sehr kurz, vorn und hinten gerade abgeschnitten, ungerandet, schmal gelb mit stumpfen Ecken; Seiten in der Mitte etwas erweitert mit aufgeworfenem breit gelben Rande; Oberfläche schwach gewölbt, dicht mit feinen Querstrichen, in der Mitte punktirt. Schildchen sehr groß, noch einmal so breit, als lang, punktirt.

Flügeldecken etwas breiter als das Halsschild, in der Mitte sehr wenig breiter, hinten schief abgestutzt, äußere Ecke rund, Seiten in der Mitte gerandet; schwach gewölbt, oben platt, fein runzlicht undeutlich punktirt, an der Naht und in der Mitte mehrere regelmäßige Reihen von größern flachen Punkten, die aber den Hinterrand nicht erreichen. Hinter den abgekürzten Flügeldecken zwei Leibringe und das lange Afterglied sichtbar, welche punktirt und schwarzbraun mit gelbbraunen Einfassungen. Körper an der Unterseite schwarzbraun, fein punktirt, untere Ränder des Halsschildes gelb; Bauch mit gelbem feinem Haarüberzuge, hellbraun mit gelblichen Seiten und Bauchringrändern. Beine gelb.

25. Peltis pubescens.

P. ovata, ferruginea, supra pubescens; elytris elevato striatis: interstitiis duplici serie punctatis; antennarum clava elongata.

Auf der Insel Luzon, bei Manilla.

Länge 2 Linien, Gestalt eiförmig, flach, Farbe oben rostbraun, unten rothbraun; Oberfläche mit kurzen gelben anliegenden Haaren zerstreut besetzt. Kopf breit platt und grob punktirt. Augen klein schwarz. Fühler etwas länger, als der Kopf, rothbraun; dreiblättrige Kolbe fast so lang, als der übrige Theil der Fühler, mit großen Gliedern und das letzte länglicht spitz. Halsschild breit kurz, vorn in der Mitte gerade abgeschnitten, mit stark vorgestreckten spitzen Vorderecken, Seiten erweitern sich stark bis zu den spitzen Hinterecken; Hinterrand gerade, sehr schmal gerandet; Oberfläche ziemlich gewölbt, grob und zerstreut punktirt, mit einer breiten glatten glänzenden Mittellinie, Seiten ziemlich breit flach abgesetzt, dicht punktirt. Schildchen halbrund, punktirt, rothbraun.

Flügeldecken vorn so breit als das Halsschild, bis hinter der Mitte etwas erweitert, hinten stark verengt, Enden spitz, Seiten ziemlich breit flach abgesetzt und etwas aufgeworfen, mittlerer Theil erhaben, Rücken platt, auf dem Rücken viele undeutliche erhabene Linien, in den Zwischenräumen zwei Reihen grober Punkte, an den abschüssigen Seiten keine Linien, sondern mehrere Punktreihen, Seitenrand zerstreut punktirt. Körper unten glatt, nackt. Beine gelbbraun mit breiten platten Schenkeln.

Auch bei dieser kleinen Art finden sich sowohl die zwei spitzen Hornblätter zwischen den Augen und der Unterlippe, als der krumme Knöchel, wie man sie bei den übrigen Arten antrifft.

26. Clerus annulatus.

C. hirsutus, thorace atro, elytris pallidis: macula magna sulphurea atro cincta lineaque humerali nigra.

In Brasilien, St. Catharina.

Länge 4 Linien. Kopf ziemlich groß, schwarz, Stirn platt mit kurzen gelben anliegenden Haaren, Nacken mit schwarzen aufrechten Haaren. Augen braun Lippentaster so groß und so gestaltet, wie bei formicarius, schwarz. Fühler kürzer als das Halsschild, schwarz, gelb behaart, Kolbe aus drei Gliedern bestehend, von denen das letzte platt und am Ende nach innen zugespitzt ist.

Halsschild sehr groß, vorn etwas breiter als lang, hinten viel schmäler, vorn gerade abgeschnitten, Seiten sehr stark herabhängend, Vorderecken unten anschließend, sehr stark gewölbt, fast kuglig, an der vordern Hälfte mit einem etwas undeutlichen quer hinübergehenden Eindrucke; schwarz, glänzend, mit schwarzen aufrechten ziemlich langen Haaren dicht besetzt. Schildchen klein, rund, gelb, behaart.

Flügeldecken an der Wurzel so breit als das Halsschild, hinter der Mitte etwas erweitert, am Ende abgerundet, lang, halb walzenförmig, mit sehr stark hervorstehenden Schultern, grob punktirt, mit unregelmäßigen Punktreihen, Zwischenräume runzlicht; vordere Hälfte blaß gelb mit vielen kurzen fast anliegenden und mehrern einzelnen aufrechten langen gelben Haaren bedeckt, unter die sich einige lange schwarze Haare mischen; auf der Schulter ein schief gestellter zugespitzter schwarzbrauner Fleck, mit demselben Haarüberzuge, wie der übrige Theil; hinter der Mitte ein großer eiförmiger fast schwefelgelber Fleck, der an den äußern Rand stößt und mit feinen kurzen gelben Haaren bekleidet ist; vorn und an der Naht ist dieser Fleck von einem breiten, hinten von einem schmälern schwarzen Rande eingefaßt; dieser schwarze Halbring hat schwarze Haare von verschiedener Länge; die übrige breite Spitze der Flügeldecken ist schwarzbraun, mit gelben anliegenden Haaren dicht besetzt, nur in der Mitte bleibt ein kleiner glänzender Fleck unbedeckt.

Unten ist der Körper schwarz, Brust und Beine mit grauen Haaren dicht überzogen; Bauch glänzend, fast nackt.

27. Lampyris lunifera.

(Oblonga, antennis simplicibus fusiformibus.)

L. nigra, thoracis angulis posticis acuminatis, margine externo elytrorumque sutura cum limbo laterali pallidis, segmentis duobus penultimis abdominis sulphureis.

variat: thorace maculis duabus rubris.

In Brasilien, St. Catharina.

Länge 6 Lin. Kopf klein schwarz, dünn behaart; Stirn flach mit zwei kleinen neben einander stehenden Höckern; vor jedem Auge eine bogige gelbe Einfassung. Taster schwarzbraun. Augen sehr groß, kuglig, schwarz. Fühler von halber Körperlänge, platt gedrückt, behaart, die mittlern Glieder breiter als die übrigen; erstes Glied an der Spitze gelbbraun.

Halsschild breit, Seiten und Vorderrand bilden einen starken Bogen, hinten fast am breitesten, Hinterecken stark nach hinten vortretend, zugespitzt, Hinterrand schmal gerandet; ein schmaler Theil in der Mitte, so wie am ganzen Hinterrande erhöht, die Seiten durch eine jederseitige länglichte ziemlich tiefe Grube breit aufgeworfen, ganze Oberfläche undeutlich fein punktirt, mit etwas gröbern Punkten in den Gruben am Vorderrande; Hauptfarbe schwarzbraun mit etwas veilchenblau untermischt, gegen die äußern Ränder blässer, diese (nämlich vorderer und seitliche Ränder) schmal blaß gelb. Schildchen schmal dreieckig, schwarzbraun, gelbgrau behaart.

Flügeldecken breiter als das Halsschild, gleich hinter der Schulter stark erweitert, dann nach hinten zu kaum merklich, am Ende allmählig verschmälert und abgerundet, Schulter als eine halbkreisförmige Kante, Oberfläche fast flach, fein gekörnt, runzlicht, mit fünf undeutlichen erhabenen Längslinien, mit zerstreuten aufrechten Haaren besetzt; schwarzbraun, der äußere Rand breit, die Naht schmal blaßgelb, beide Einfassungen erreichen aber die Spitze der Flügeldecken nicht. Flügel schwarz.

Unterseite der Körpers dunkelbraun, sehr fein behaart; Seitenrand des Unterhalses und der Flügeldekken blaßgelb; die zwei vorletzten Bauchringe schwefelgelb und länger, als die übrigen; das vorletzte in der Mitte mit einem kleinen Einschnitte, das letzte Glied braun, dreieckig, mit einer langen Endspitze.

Die angeführte Varietät ist wahrscheinlich das andere Geschlecht zu der vorigen; sie kommt eben so häufig vor, als jene und zeichnet sich durch zwei große gelblichrothe Flecken auf dem Halsschilde und viel breitere gelbliche Einfassung der Flügeldecken aus, die fast zur Spitze reicht.

Die dieser nahe verwandte L. pyralis L. unterscheidet sich durch ganz weißen Bauch und L. marginata L. durch gelbes Schildchen.

28. Lampyris truncata.

(Oblonga, antennis simplicibus.)

L. nigro fusca, thorace basi truncato, maculis duabus anticis elytrorumque margine externo cum sutura pallidis, segmentis tribus ultimis abdominis sulphureis.

In Brasilien, St. Catharina.

Länge 5 — 6 Linien, schmäler als die vorige. Kopf sehr klein, schmal, mit etwas ausgehöhlter Stirn, schwarz, Kopfschild gelbbraun. Taster schwarz. Augen schwarz, kuglig, jedes noch einmal so groß, als der ganze Kopf. Fühler erreichen den dritten Theil der Körperlänge mit schwarzen grau behaarten platten Gliedern; erstes Glied an der Spitze braun.

Halsschild nicht viel breiter als lang, Seiten und Vorderrand bilden einen starken Bogen, sind kaum aufgeworfen, Hinterrand gerade abgeschnitten aufgeworfen, mit scharteckigen nicht vorstehenden Hinterecken; mittlerer Theil gewölbt mit einer flachen Längsfurche, unpunktirt, an den Seiten mit einer großen länglichten Grube, ein sehr breiter Rand längs den Seiten und Vorderrande grob punktirt, ganz nahe am äußern Rande eine Reihe grober Punkte, sehr kurz behaart, schwarzbraun mit zwei gelblich weißen Flecken am Vorderrande, alle Ränder sind auch sehr schmal gelblich gefärbt. Schildchen länglicht mit stumpfem Ende, schwarz mit gelbbrauner Spitze.

Flügeldecken breiter als das Halsschild, hinter der Schulter etwas erweitert, bleiben dann gleichbreit bis ganz hinten, wo sie sich allmälig verschmälern und eine stumpfe Spitze bilden; sie sind vorn gewölbt und an den Spitzen platt, dicht punktirt, entweder mit ganz undeutlichen oder mit zwei schief von außen nach innen verlaufenden Längslinien, welche die Spitze nicht erreichen; schwarzbraun, dicht und kurz grau behaart, der platte breite Seitenrand und die schmale Näht blaßgelb, welche Einfassungen an der Spitze zusammenstoßen. Flügel schwärzlich.

Unten der Körper und Bein schwarzbraun, kürzer behaart, die drei letzten Bauchringe schwefelgelb, alle mit einem starken Ausschnitt in der Mitte; unter dem letzten Gliede ragt noch eine kleine schmale gelbe Spitze hervor; die vordern schwarzen Bauchringe haben jedes zwei kleine Einschnitte und zwei schwache Ausschnitte. Schenkel an der Wurzel braun, Schienen kurz breit platt. Flügeldeckenrand an der Unterseite auch gelb.

Unter sehr vielen Exemplaren befand sich keine Varietät. — Lamp. pyralis und marginata unterscheiden sich von der eben beschriebenen Art, gerade wie von der vorigen.

29. **Lampyris signifera.**

L. ovata, pallida; thorace signo lobato angulisque baseos late fuscis, maculisque duabus rubris, elytris fuscis: limbo pallido cum macula fusca.

In Brasilien, St. Catharina.

Länge 5, Breite $2\frac{1}{2}$ Linien. Der ganze Körper mit feinen gelben Haaren dicht besetzt. Kopf klein, ganz unter das Halsschild eingezogen mit flacher Stirn, gelb mit schwarzen Mundtheilen. Augen groß kuglig schwarz. Fühler kurz fadenförmig schwarz, erstes Glied sehr lang, gelb und zwar scheint es, als könne es nicht zurückgeschlagen werden, weil es bei nach hinten gewandtem übrigem Theile der Fühler doch nach außen und vorn gerichtet ist, wodurch die Fühler gebrochen erscheinen.

Halsschild breit sehr kurz, fast dreieckig, ungerandet, Seiten gehen sehr schief von hinten nach innen und vorn und begegnen sich in der Mitte unter einem stumpfen Winkel; Hinterrand in der Mitte etwas aufgebogen, Hinterecken abgerundet; in der Mitte gewölbt, an den Seiten mit einer unbegränzten Grube und mit breiten flachen Seiten, Oberfläche undeutlich punktirt mit einer Reihe gröberer Punkte dicht an allen Rändern, in der Mitte am Hinterrande eine schwarze Figur, die im Ganzen die Gestalt eines M hat, neben dieser steht ein blaß zinnoberrother Fleck und ein dritter bräunlicher befindet sich in den Hinterwinkeln. Schildchen dreieckig, spitz, schmutzig braun.

Flügeldecken in der vordern Hälfte breiter als das Halsschild, nach hinten verschmälern sie sich stark bis zur abgerundeten Spitze, mit stark hervorstehender Schulter, Seitenrand in der vordern Hälfte sehr breit, etwas abhängend, durch eine starke Längsfurche vom mittlern gewölbten Theile geschieden, sehr dicht punktirt, mittlerer Theil graubraun mit einer undeutlichen gelblichen Längslinie, die auf einer schwach erhöhten Linie steht, Naht gelb, Seiten blaßgelb, am Vorderrande und ein viereckiger Fleck hinter der Mitte schwarzbraun. Flügel schwarz.

Seitentheile des Halsschildes und der Flügeldecken unten eben so gefärbt, wie oben; Brust schwarzbraun. die vier ersten Bauchringe gelbbraun mit vielen dunkelbraunen Punkten, der fünfte und sechste Ring weißgelb, der folgende und das schmale Endglied gelblich und stark behaart. Beine kurz, bräunlich; Schenkel gelb, unten in der Mitte bräunlich; Schienen kurz, dreieckig; Füße schwärzlich.

Unter zehn Exemplaren fand sich keine Varietät.

30. Lampyris praeusta.

L. pallida, capite elytrorumque apice atris, antennarum basi cum apice tarsisque nigris, segmento penultimo abdominis albis.

Auf der Insel Luzon, bei Manilla.

Länge fast vier Linien. Hauptfarbe des Körpers röthlich gelb, überall sehr kurz gelb behaart. Kopf ziemlich groß, schwarz; Stirn breit, punktirt, in der Mitte mit einer breiten Grube. Taster groß, schwarz; letztes Glied der Kinnladentaster lang und breit. Augen groß, schwarz, treten aber oben nicht über den Kopf hervor. Fühler kürzer, als der halbe Körper, fadenförmig: die zwei ersten und drei letzten Glieder schwarz, das dritte unten schwarz, oben gelb, die übrigen ganz gelb.

Halsschild viel breiter, als der Kopf mit den Augen, kurz, viereckig, Vorderrand in der Mitte etwas vorstehend, gerandet mit etwas stumpfen Vorderecken, Seiten ziemlich gerade, nach vorn etwas eingebogen, flach und (besonders nach hinten) breit abgesetzt, Hinterecken rechtwinklig, etwas nach hinten überstehend, Hinterrand dreimal flach ausgeschnitten, aufgeworfen gerandet, Oberfläche dicht punktirt, mittlerer Theil gewölbt mit einer Längsfurche, einfarbig röthlich gelb. Schildchen ziemlich groß, dreieckig stumpf gelb.

Flügeldecken etwas breiter, als das Halsschild, bis kurz vor der Spitze gleichbreit, schmal gerandet, dicht fein runzlicht punktirt, mit drei undeutlichen erhabenen Längslinien, blaßgelb, das Ende schief (von außen nach innen) und breit schwarz. Flügel schwarz. Unterseite des Körpers und Beine citrongelb, Brust etwas bräunlich, vorletzter Bauchring an der vordern Hälfte gelblich weiß, an der hintern milchweiß; beide Hälften durch eine bogige Linie geschieden; letztes Glied lang, gegen das Ende verschmälert, stark ausgeschnitten, gelb. Afterglied dreieckig, gelb. Schienen schlank, dreieckig.

31. Lampyris apicalis.

L. pallida, oculis elytrorumque apice atris, antennis tibiis tarsisque fuscis, abdomine basi brunneo, segmentis duobus ultimis albis.

Auf der Insel Luzon, bei Manilla.

Weniger als 3 Linien lang, schmal. Ueberall fein gelb behaart. Kopf klein punktirt, gelb, Stirn schmal, etwas vertieft. Taster schwärzlich, zugespitzt. Augen sehr groß, kuglig schwarz. Fühler von halber Körperlänge, fadenförmig, schwarz, grau behaart, erstes Glied bräunlich.

Halsschild kurz, von der Breite des Kopfs mit den Augen, viereckig, Vorderrand in der Mitte vorstehend, gerandet, Vorderecken scharf, nach außen gebogen und sich an den Kopf anschließend, Seiten in der Mitte etwas erweitert, schmal flach abgesetzt, Hinterecken scharf, Hinterrand fast gerade, schmal aufgeworfen, Oberfläche sehr fein punktirt, stark gewölbt, mit einer kaum merklichen Längsfurche, einfarbig röthlich gelb. Schildchen groß dreieckig stumpf, röthlich gelb.

Flügeldecken etwas breiter, als das Halsschild, bis ans Ende gleichbreit, in der Mitte etwas eingebogen, schmal gerandet, stark gewölbt, dicht und fein runzlicht punktirt, mit undeutlichen erhabenen Längslinien, blaß gelb, Enden breit schwarz, querüber. Flügel schwärzlich.

Brust röthlich gelb, in der Mitte braun. Bauch röthlich gelb, der dritte und vierte Bauchring schwarzbraun mit gelben Seitenrändern, die zwei letzten Ringe gelblich weiß, das letzte ausgeschnitten, Afterglied gelb, breit. Beine schlank, röthlich gelb, Hinterschienen etwas gekrümmt, Schienen und Füße schwärzlich, Wurzeltheile der hintern Schienen röthlich.

32. Homalisus collaris.

H. ater, antennis pectinatis basi flavis, thorace rufo, elytris coriaceis.

In Brasilien, St. Catharina.

Länge fast 4 Linien; Hauptfarbe schwarz, überall mit einem kurzen Haarüberzuge. Kopf unter dem Halsschilde verborgen, schwarz, mit etwas vertiefter Stirn. Augen groß schwarz. Fühler von der Länge des halben Körpers, kammförmig; erstes und zweites Glied kurz, keulenförmig, röthlich gelb mit schwarzem Anstrich an der obern Seite; die übrigen neun Glieder platt mit einem langen stumpfen Fortsatz an der innern Seite; der mittlere Theil der drei ersten der letztern ist unten röthlich gelb.

Halsschild breit kurz, vorn bogenförmig über den Kopf vorragend mit ganz abgerundeten Vorderecken, Seiten erweitern sich allmälig nach hinten, Hinterecken nach hinten stark vortretend und zugespitzt, Hinterrand in der Mitte gerade und aufgeworfen gerandet; Oberfläche in der Mitte wenig gewölbt, glatt mit einer kurzen Längsfurche, zu beiden Seiten derselben eine Grube;

ein breiter Theil an der Schulter und vorn grob und dicht punktirt, Farbe gelblich roth. Schildchen dreieckig, spitz, schwarz.

Flügeldecken etwas breiter, als das Halsschild, Seiten verlaufen gleichbreit bis hinter der Mitte, wo sie sich allmälig verschmälern mit stumpfen Enden; Oberfläche etwas gewölbt, fein dicht gekörnt, mit drei erhabenen Längslinien. Flügel schwarz. Unterhals röthlich gelb. Bauchringe mit tiefen Eindrücken an jeder Seite; letzter Abschnitt breit, in der Mitte mit einer Spitze; an den Seiten ragen aber noch zwei breite Fortsätze vor, welche vom letzten Rückenabschnitte herrühren. Beine kurz mit platten Schenkeln und Schienen, Vorderbeine schwarzbraun mit gelblichen innern Kanten; hintere Beine ganz schwarz.

Meine Exemplare sind alle Weibchen.

35. Homalisus tenellus.

H. niger, antennis pectinatis, thorace carinato lateribus testaceo, elytris reticulato carinatis testaceis apice nigris.

In Brasilien.

Länge des einzigen Männchens 2½ Linien, schmal. Kopf breit, kurz, schwarzbraun mit flacher Stirn. Augen groß, schwarz. Fühler länger als der halbe Körper, schwarz, platt, kammförmig, nur aus zehn Gliedern bestehend; das erste kurz, dick, nach vorn seitwärts zugespitzt, die übrigen mit einem langen breiten stumpfen Fortsatze, der etwas gedreht ist.

Halsschild fast so lang als breit, vorn gerundet, mit sehr stumpfen Vorderecken; Seiten anfangs eingebogen, erweitern sich aber bald stark nach hinten, mit lang zugespitzten Hinterecken, mittlerer Theil des Hinterrandes nach hinten in eine Spitze vortretend, Oberfläche in der Mitte vertieft mit zwei Grübchen am Vordertheile und einer hohen mittlern Längskante, mittlerer Theil schwarzbraun, Seiten und Vorderrand gelb. Schildchen dreieckig, schwarz.

Flügeldecken schmal, sehr lang, fast gleichbreit mit stumpfen Enden und fünf Längsrippen, von denen die Naht und zwei mittlere die höchsten sind; die schwächern verlaufen in den Zwischenräumen; alle werden durch kleine Querkanten netzförmig unter einander verbunden; alle Rippen und äußerer Rand sind kurz behaart; Hauptfarbe ockergelb, fast der dritte Theil der Spitzen schwarz. Flügel schwärzlich.

Körper unten schwarzbraun, kurz behaart; Beine dunkelbraun mit breiten platten Schenkeln und Schienen; Schenkel an der Wurzel gelb.

Die Aehnlichkeit mit Lycus (Homalisus) flabellatus Dalm. Schönh. S. J. III. App. p. 32. ist (der Beschreibung nach) sehr groß, doch liegt der vorzüglichste Unterschied im Bau des Halsschildes, indem bei diesem afrikanischen Käfer dasselbe auch ein erhöhtes Netz zeigt und die Flügeldecken breiter als das Halsschild mit vier hohen Längskanten besetzt sind.

34. Cantharis transversa.

C. atra, thorace brevi rubro, lateribus exciso.

In Brasilien, St. Catharina.

Länge 2 Linien, Hauptfarbe schwarz. Kopf breit, platt, fast nackt, schwarz. Augen groß, schwarz. Kinnbacken gelblich roth, letztes Glied der Kinnbackentaster, die schwarz sind, an der Wurzel breit mit zugespitztem Ende. Fühler länger, als der halbe Körper, dick, fadenförmig, schwarz; Spitze des ersten Gliedes braun.

Halsschild sehr breit und fast nur halb so lang, Vorderrand gerundet, etwas aufgeworfen, mit stark nach den Seiten vorspringenden Vorderecken, Hinterecken auch spitz auch nach außen tretend, wodurch die Seitenränder tief ausgeschnitten erscheinen, Hinterrand länger, als der vordere, dreimal schwach ausgeschnitten, Seiten und Hinterrand breit gerandet, mittlerer Theil stark gewölbt mit kleinen undeutlichen Erhöhungen, das ganze Halsschild gelblich roth, oben mit einem sehr kurzen grauen Haarüberzuge. Schildchen breit schwarz.

Flügeldecken an der Schulter so breit, als das Halsschild hinten, gleichbreit, ziemlich lang, mit abgerundeten Enden, fein runzlicht, schwarz, mit einem ziemlich langen grauen Haarüberzuge. Flügel schwarz. Unterseite des Körpers nebst den Beinen schwarz mit einem kurzen grauen Haarüberzuge; Schenkelwurzel gelbbraun.

35. Cantharis cembricola.

C. elongata, fusco nigra, thorace quadrato, geniculis femorum maris ferrugineis, foemina immaculata.

In Kamtschatka, St. Peter und Paulshafen, auf Pinus Cembra.

Länge fast 3 Linien; Männchen sehr schmal; Farbe bräunlich schwarz, überall sehr kurz grau behaart. Kopf glatt, schwarz, mit flacher Stirn, braunen Kinnbacken und schwarzen Augen. Fühler des Männchens fast von der Länge des Körpers, beim Weibchen von halber Körperlänge, fadenförmig, schwarz.

Halsschild viereckig, etwas breiter als lang, alle Ränder aufgeworfen, Vorderrand wenig gerundet, fast gerade, mit stark abgerundeten Vorderecken und stumpfen Hinterecken, Oberfläche am Hintertheile stark gewölbt, vorn flach, mit einer feinen Längslinie, am Seitenrande vor der Erhabenheit jederseits eine flache Grube. Schildchen breit, dreieckig, stark behaart.

Flügeldecken an der Wurzel wenig breiter, als das Halsschild, lang, beim Männchen schmal und gleichbreit, beim Weibchen nach hinten erweitert, an den Enden abgerundet, gerunzelt, mit zwei feinen Längskanten, die sich gegen das Ende verlieren; schwarzbraun, grau behaart. Flügel schwarz. Körper unten nebst Beinen schwarz, grau behaart; Schenkel des Männchens sind an der Wurzel und am Ende schmal gelbbraun.

Die Aehnlichkeit mit Canth. elongata Fall. ist groß; diese hat aber an der Wurzel gelbbraune Fühler, ein mehr gleichmäßig viereckiges Halsschild mit einer hintern Mittellinie (keine Längslinien auf den Flügeldecken?) und an der Wurzel gelbgraue Schienen.

36. Cantharis longicollis.

C. rufo testacea; fronte, thoracis disco, alis, antennis tibiisque fuscis, thorace longiori, elytris angustatis pallidis.

In Brasilien, St. Catharina.

Länge fast 4 Linien. Kopf lang, in der Mitte breit mit einem schmalen Halse, gelbroth, oben vor den Fühlern schwarzbraun, grau behaart, mit kleinen schwarzen hervorstehenden Augen und schwarzen Tastern, von denen die vordern fast fadenförmig sind. Fühler von Körperlänge, borstenförmig, schwarzbraun; erstes Glied unten gelblich.

Halsschild etwas länger als breit, Vorderrand gerundet und aufgeworfen, mit ganz abgerundeten Vorderecken, Seiten erweitern sich bis nach hinten in gerader Linie, Hinterecken abgerundet, Hinterrand in der Mitte sehr schwach ausgeschnitten, Seiten und Hinterrand aufgeworfen, hinterer Theil der Oberfläche stark erhaben, oben flach mit einer Längsfurche, in der Mitte der vertieften Seiten eine kleine Querkante, der vordere Theil schwach gewölbt; die Farbe des mittlern Theils ist rothbraun und schwarzbraun gemischt, die breiten Seiten und der schmale Hinterrand gelbroth. Schildchen breit, stumpf, schwarz.

Flügeldecken an der Wurzel viel breiter, als das Halsschild, nach hinten sehr verschmälert mit fast spitzen Enden, etwas kürzer als die Flügel, fein runzlicht, strohgelb. Flügel schwarz oben mit starkem kupfrigen Glanze. Brust und Beine bräunlich gelb, weiß behaart, Bauch hellgelb. Schienen, so wie ein Längsstrich an der äußern Seite der Schenkel braun; Füße schwarz.

Scheint im Baue mit Cantharis brevipennis F. und andern südamerikanischen Arten verwandt zu seyn.

37. Malachius rufiventris.

M. coerulescens, antennis serratis basi flavis, abdomine pedibusque coccineis.

Auf der Insel Luzon, bei Manilla.

Länge $2\frac{1}{2}$ Linien. Kopf groß, schwach gewölbt, metallisch grün, kurz weiß behaart, Stirn runzlicht,

Mundtheile bräunlich gelb. Augen schwarzbraun. Fühler kürzer, als der halbe Körper, platt, nur aus zehn Gliedern bestehend, die neun letztern mit einem großen breiten vordern Fortsatze, das erste keulenförmige, so wie die zwei folgenden gelb, die übrigen schwarz, glänzend.

Halsschild breiter wie lang, ohne Ecken, Vorderrand gerundet vorstehend ungerandet, Seiten stark gerundet, Hinterrand in der Mitte gerade und etwas aufgeworfen, an den Seiten sehr stark gerundet und so wie die Seiten sehr schmal gerandet; Oberfläche quer über stark gewölbt, etwas uneben, an den Seiten fein gerunzelt, überall kurz weiß behaart mit vielen langen aufrechten Haaren, metallisch grün mit bläulichem Schimmer. Schildchen breit, sehr kurz, ohne Spitze, bläulich.

Flügeldecken an der Wurzel kaum breiter, als das Halsschild, nach hinten erweitert, hinten stumpf, gewölbt, fein und dicht runzlicht, fast gekörnt, Seitenrand und Naht stark gerandet, metallisch blau, kaum grünlich schimmernd, überall mit kurzem weißen undichten Haarüberzuge, am Rande mit längern Haaren. Flügel schwarz. Brust stark gewölbt, glatt, in der Mitte schwach gefurcht, an den Seiten weiß behaart, schwärzlich blau. Bauch scharlachroth mit zinnoberrothen Rändern. Beine bräunlich roth, vordere Schenkel an der Wurzel schwarzbraun.

38. Elater spinosus.

E. castaneus, tomentosus, thorace elongato conico nigro, elytris apice spinosis.

In Brasilien, St. Catharina.

Länge 10 Linien, größte Breite (Wurzel der Flügeldecken) etwas über zwei Linien, Körper an beiden

Enden zugespitzt, überall mit feinen bräunlichen Haaren dicht überzogen. Kopf klein viereckig, fast flach, sehr fein punktirt mit wenig gerundetem Kopfschildrande. Augen braun. Fühler fast so lang, als das Halsschild, etwas sägeförmig, schwarzbraun, erstes langes dickes und zweites kleines Glied röthlich gelb.

Halsschild viel länger als breit, Vorderrand in der Mitte etwas vorstehend mit vorstehenden spitzen Ecken, Seiten nehmen von vorn nach hinten allmälig an Breite zu, die nicht sehr langen zugespitzten Hinterecken laufen in der Richtung der Seiten fort und sind oben mit zwei Längskanten versehen, von denen die innere halb so lang, als die äußere ist; Hinterrand gerade;mit zwei kleinen vorspringenden Lappen in der Mitte; Oberfläche querüber stark gewölbt, fein und dicht punktirt mit einer fast unmerklichen Längskante in der Mitte, schwarzbraun, Vorder- und Hinterrand undeutlich braun. Schildchen länglich.

Flügeldecken an der Wurzel sehr wenig breiter, als das Halsschild, von der Mitte an nach hinten allmälig schmäler werdend, in der Mitte der Flügeldeckenspitze mit einem breiten zugespitzten Stachel bewaffnet, die Ecke am Ende der Naht gerade abgestumpft, querüber gewölbt, seicht gestreift mit groben Punkten, Zwischenräume wenig gewölbt mit sehr feinen Querrunzeln, kastanienbraun. Körper an der Unterseite kastanienbraun, fein punktirt und behaart; Afterglied breit abgestumpft, unterer breiter Rand der Flügeldeckenwurzel gelb. Beine gelbbraun.

Ist mit Elater appendiculatus Hb. nicht zu verwechseln.

39. Elater rufilateris.

E. elongatus, ater, glaber, thoracis lateribus elytrorumque basi rufis.

In Brasilien, St. Catharina.

Länge $7\frac{1}{2}$ Linien, größte Breite fast 2 Linien. Kopf gewölbt, sehr grob punktirt, nackt, glänzend, schwarz. Augen braun. Fühler kaum länger, als der halbe Körper, schwarz, platt, erstes Glied länglich eiförmig, zweites fast rund klein, drittes lang kegelförmig, die übrigen lang platt, dreieckig, vorn am Ende mit einer spitzen Ecke, wodurch die Fühler etwas sägeförmig werden.

Halsschild viel länger, als breit, Vorderrand gerade abgeschnitten, an den Kopf genau angefügt, gelb gefranzt, Seiten fein gerandet, in der Mitte sehr wenig erweitert, vor den Hinterecken etwas einwärts tretend; Hinterecken lang, spitz, schief nach außen tretend mit einer scharfen nicht hohen Längskante, Hinterrand gerade, zu beiden Seiten des Schildchens mit zwei kleinen rundlichen Anhängseln; Oberfläche stark gewölbt, vorzüglich hinten, mit einer Mittelfurche, die vorn und hinten stärker, in der Mitte aber fast undeutlich ist, an der innern Seite des Hinterstachels ein dreieckiger Eindruck; überall dicht grob punktirt, Seiten breit und Vorderrand sehr schmal roth; die Mitte, der schmale Hinterrand und Ränder der Stacheln schwarz. Schildchen lang, undeutlich punktirt, nackt, schwarz.

Flügeldecken etwas breiter, als das Halsschild, hinter der Schulter erweitert, gegen das Ende stark verschmälert mit spitzen Enden, Seiten gewölbt, Rükken flach; gestreift, Streifen dicht grob punktirt, Zwischenräume dicht punktirt, nackt, der vordere vierte Theil ist roth, der übrige tief schwarz; die rothe Farbe reicht an den Seiten viel tiefer hinunter und bildet auch in der Mitte einen kleinen Vorsprung. Unten ist der Körper schwarz dicht punktirt und etwas braun behaart. Beine schwarzbraun, Schenkelanhängsel rothbraun.

40. Elater scabricollis.

E. oblongus ater, thorace punctatissimo, medio ruguloso, elytris obscure viridiaeneis, antennis thorace longioribus cylindricis, atris.

In Kamtschatka.

Länge 6 Linien, beim ersten Anblick dem aeneus ähnlich. Kopf breit, zwischen den Fühlern querwulstig, Stirn flach, etwas uneben, alles fein punktirt, undicht grau behaart, schwarz. Fühler etwas länger, als das Halsschild, walzenförmig, schwarz, die acht äußern Glieder etwas sägeförmig.

Halsschild so lang als breit, vorn viel schmäler als hinten, mit spitzen vortretenden Vorderecken, Seiten vor der Mitte stark erweitert und treten erst an den Hinterecken selbst etwas einwärts; diese sind kurz, spitz, nach außen tretend mit einer hohen Längskante; Oberfläche ziemlich stark gewölbt (viel stärker, als bei aeneus), überall, vorzüglich aber an den Seiten, sehr dicht und fein punktirt; in der Mitte stehen viele kurze Querrunzeln, in einiger Entfernung vom Vorderrande ein Quereindruck, an jeder Seite des Hinterrandes eine tiefe Querlinie, der mittlere Theil am Hinterrande steht hoch hervor, die Seiten sind mit einem fast undeutlichen grauen Haarüberzuge begabt, die Farbe schwarz mit einem kaum merklichen bläulichen Schimmer. Schildchen rund, dicht gelbbraun behaart.

Flügeldecken an der Wurzel etwas breiter, als das Halsschild, nach hinten sehr wenig erweitert, verengern sich dann sehr bis zum spitzen Ende; gewölbt, gestreift, Streifen nicht sehr grob punktirt mit etwas gewölbten fast undeutlich fein punktirten Zwischenräumen; schwärzlich metallisch grün, nackt. Körper unten schwarz, dicht punktirt, dünn behaart. Beine schwarzbraun, Füße braun.

41. Elater lobatus.

E. oblongus niger subaeneus pubescens, thorace elongato: angulis posticis truncatis, lobo medio marginis postici emarginato.

Auf der Insel Unalaschka.

Länge 5 Linien, mit cylindricus Pk. verwandt. Körper oben schwarz mit Eisenglanz und mit sehr dichten anliegenden grauen Härchen. Kopf breit, dicht punctirt mit gewölbter Stirn. Augen schwarz, hervorstehend. Fühler fast so lang, als das Halsschild, etwas platt; erstes Glied länglich dick, zweites kuglig, drittes lang kegelförmig, die sieben folgenden etwas platt dreieckig am Ende breit, so daß die Fühler auf beiden Seiten etwas sägeförmig sind; das eilfte Glied hat in der Mitte einen Absatz, wodurch es das Ansehn erhält, als bestände es aus zweien.

Halsschild länger als breit, vorn gerad abgeschnitten, mit kaum vorstehenden stumpfen Vorderecken, Seiten in der Mitte wenig erweitert, biegen hinten ziemlich stark einwärts; Hinterecken breit, ziemlich lang, am Ende gerade abgeschnitten, oben platt mit einer fast unmerklichen kurzen Längskante ganz nahe am äußern Rande, Hinterrand buchtig, in der Mitte steht ein breiter Lappen vor, welcher in der Mitte tief ausgeschnitten ist; Oberfläche stark gewölbt, dicht und ziemlich grob punktirt. Schildchen breit länglich, fein punktirt, dicht behaart.

Flügeldecken kaum breiter, als das Halsschild, über die Mitte hinaus sehr wenig breiter werdend mit spitzen Enden, an den Seiten gewölbt, Rücken flach, seicht gestreift, in den seitlichen Streifen stehen starke Punkte, Zwischenräume ganz flach, sehr fein zerstreut punktirt und undeutlich querrunzlicht. Körper unten schwarz mit schwachem Kupferglanze, sehr dicht und fein punktirt, fein behaart. Beine fein behaart, schwarzbraun, mit braunen Gelenken und Vorderschenkeln.

42. Elater musculus.

E. brevis, aeruginosus, pubescens, thorace lato rotundato convexo, elytris striatis: interstitiis rugulosis, pedibus flavis: geniculis fuscis.

Auf der Insel Unalaschka.

Länge $1\frac{1}{5}$ Linien. Farbe oben schwärzlich metallisch, auf den Flügeldecken mit schwachem grünlichen Schimmer, sehr fein grau behaart. Kopf sehr groß, schwach gewölbt, dicht punktirt, im Nacken mit einer kurzen Längslinie. Fühler etwas kürzer, als das Halsschild, schwarz; erstes Glied sehr groß und dick, metallisch, die zwei folgenden lang kegelförmig, die übrigen acht kurz und dick, und einander genähert.

Halsschild so lang als breit, vorn so breit als hinten mit vorstehenden spitzen Vorderecken, Seiten in der Mitte stark erweitert und hinten wieder eben so viel verengert; Hinterwinkel sind kleine Stachel, Oberfläche stark gewölbt, eben, dicht und sehr fein punktirt. Schildchen breit.

Flügeldecken an der Wurzel schmäler, als das Halsschild, in der Mitte stark erweitert, mit spitzen Enden, stark gewölbt, seicht gestreift, Seitenstreifen punktirt, Zwischenräume fein aber etwas undeutlich querrunzlicht, fein zerstreut punktirt, Naht erhaben. Körper unten schwarz, sehr fein punktirt, gelbgrau behaart. Beine röthlich gelb, Schenkel an der Wurzel und ein Streifen auf dem Rücken derselben braun; Füße bräunlich.

43. Elater rufiventris.

E. ater, fronte excavata, thorace punctatissimo: angulis basi planis, elytris castaneis, abdomine pedibusque rufo ferrugineis.

Auf der Insel Unalaschka.

Länge 5½ Linien. Kopf breit, dicht und grob punktirt, Stirn in der Mitte ausgehöhlt mit einem Hügelchen. Augen schwarz, kuglig. Fühler fast so lang, wie das Halsschild, braun, das erste Glied dick und groß, zweites kurz, drittes lang und kegelförmig, die übrigen dreieckig.

Halsschild länger als breit, vorn breiter wie hinten, Vorderrand in der Mitte etwas vorstehend, mit stumpfen gar nicht vorstehenden Vorderecken, Seiten gleich anfangs stark erweitert, verschmälern sich schon von der Mitte an, die kurzen platten wenig spitzen Hinterecken treten etwas nach außen; Oberfläche überall gleichmäßig gewölbt und grob punktirt, hinten mit zwei undeutlichen Grübchen neben einander, hinter der Mitte eine äußerst kurze aber tiefe Längsfurche, an den Seiten sehr kurze Härchen, alle Ränder sehr schmal kastanienbraun. Schildchen klein rund, schwarz, behaart.

Flügeldecken etwas breiter, als das Halsschild, ziemlich lang, gleichbreit, schwach gewölbt, Streifen grob punktirt, Zwischenräume zerstreut punktirt, vorn etwas runzlicht, kastanienbraun, mit schmalem rothbraunen Rande und Naht. Unterhals schwarz, grob punktirt, untere Seitentheile des Halsschildes rothbraun. Brust schwarz, fein punktirt, an den Seiten behaart. Bauch fein punktirt, bräunlich roth. Beine rothbraun mit braunen vordern Schenkeln.

44. Elater carinatus.

E. fuscus, pubescens, fronte carinata, thorace elongato lato; angulis elytrorumque regione scutellari pallidis, pedibus flavis.

Auf der Insel Luzon, bei Manilla.

Länge $4\frac{1}{2}$ Linien. Hauptfarbe dunkelbraun, oben dicht gelbgrau behaart, Körper langgestreckt und schmal. Kopf stark gewölbt dicht punktirt, Stirn zwischen den Fühlern in einer stumpfen Ecke vortretend, der ganzen Länge nach mit einer nicht hohen aber scharfen Kante bezeichnet. Augen sehr groß, schwarz, kaum hervorstehend. Fühler so lang wie das Halsschild, braun; erstes Glied groß, dick, zweites sehr kurz, drittes lang kegelförmig, die übrigen breit dreieckig und dreikantig.

Halsschild länger, als breit mit wenig vorstehenden Vorderecken, Seiten in der Mitte sehr wenig erweitert, Hinterecken breit, zugespitzt, fast gerade nach hin.

hinten gerichtet mit einer scharfen Längskante; Oberfläche gleichmäßig gewölbt, dicht und ziemlich stark punktirt, am Hinterrande eine kurze Längsfurche; schwarzbraun, Vorderecken schmal, Hinterecken sehr breit blaßgelb. Schildchen länglich spitz platt.

Flügeldecken schmäler, als das Halsschild, dreimal so lang, gleichbreit, spitz, gewölbt, die seichten Streifen punktirt, die flachen Zwischenräume dicht und ziemlich stark punktirt; dunkelbraun, mit einem großen unbegränzten hellgelben Fleck an der Seite des Schildchens. Körper unten dicht und fein punktirt mit rothbraunem Aftergliede. Beine gelbbraun, Hinterschenkel mit einem dunklen Streifen.

45. Elater triangularis.

E. fuscus, pubescens, thorace magno planiusculo: angulis antennisque flavis, pedibus pallidis, elytrorum striis punctatis.

Auf der Insel Luzon, bei Manilla.

Länge $2\frac{1}{3}$ Linien. Hauptfarbe schwärzlich braun, oben überall mit einem bräunlichen Haarüberzuge. Kopf gewölbt, grob punktirt mit kaum gerundetem Kopfschilde. Augen schwarz. Fühler von der Länge des Halsschildes, gelb; erstes Glied sehr groß dick, etwas gekrümmt, zweites und drittes klein, die übrigen dreieckig.

Halsschild so breit als lang, vorn gerade abgeschnitten, mit wenig vorstehenden stumpfen Vorderecken, Seiten an der vordern Hälfte hinabgebogen, bis zur Mitte sich allmälig erweiternd, dann bis zu den Enden der Hinterstachel in gerader Linie verlaufend, Hinterstachel breit zugespitzt mit einer Längskante nahe am äußern Rande; flach gewölbt, dicht und ziemlich stark punktirt; dunkelbraun, Vorderecken und Hinterrand mit dem Stachel unbegränzt gelb. Schildchen länglich, abgerundet, braun.

Flügeldecken fast schmäler, als das Halsschild, bis zur Mitte gleichbreit, dann zugespitzt, an den Seiten gewölbt, auf dem Rücken flach, seicht gestreift mit groben Punkten in den Streifen, vorzüglich in den Seitenstreifen, Naht erhaben; einfarbig schwärzlich braun. Körper unten dunkelbraun, Unterhals grob punktirt, vorn rothbraun, Brust und Bauch sehr fein punktirt; Schenkeldecke breit und ziemlich stark ausgeschnitten. Beine blaßgelb.

46. Elater alternans.

E. fuscus; antennarum basi, thoracis limbo elytrisque ferrugineis: his interstitiis alternis interrupte fuscis, pubescentia distante; clypeo rotundato, pedibus flavis.

In Brasilien, St. Catharina.

Länge $3\frac{1}{2}$ Linien. Kopf sehr schwach gewölbt, fein punktirt, schwarzbraun, kurz und dicht bräunlich behaart mit stark gerundetem Kopfschildrande, gelben Tastern und großen schwarzen wenig hervorstehenden Augen. Fühler fast so lang, als das Halsschild, fadenförmig, die drei Wurzelglieder bräunlich gelb, die übrigen schwarzbraun mit schmaler gelber Wurzel; erstes Glied lang gekrümmt, etwas dicker als die übrigen, zweites kurz, drittes dreieckig und kürzer als die folgenden kegelförmigen.

Halsschild so lang als breit mit geradem Vorderrande und ziemlich stark vorstehenden spitzen Vorderecken, Seiten treten vorn stark einwärts, sind hinter der Mitte am breitesten, verschmälern sich in der Mitte der Hinterstachel wieder, welche nicht lang aber zugespitzt und mit der Spitze auswärts gewandt und der Länge nach gekantet sind; Oberfläche schwach gewölbt, nahe am Hinterrande etwas abschüssig, nicht sehr dicht und ziemlich fein punktirt, in der Mitte schwarzbraun, die breiten Seiten und der schmale vordere und hintere Rand unbegränzt braun, mit gelblichen Hinterekken; die Behaarung der Oberfläche ist sehr viel feiner, als auf dem Kopfe. Schildchen breit, fast spitz dunkelbraun, scheint auf den Flügeldecken aufzuliegen.

Flügeldecken kaum breiter, als das Halsschild, nach hinten zu allmälig schmäler werdend mit spitzen Enden, ziemlich tief gestreift, nur in den äußern Streifen bemerkt man undeutliche Punkte, die Ränder der Streifen etwas stumpf, die Zwischenräume jedoch flach mit sehr feinen unterbrochenen Querrunzeln, mit dünnem gelblichen abstehenden Haarüberzuge; Farbe röthlich kastanienbraun, mehrere Streifenzwischenräume abwechselnd dunkelbraun, welche an der hintern Hälfte unterbrochen sind, so daß hier eine kurze breite Binde von länglichen dunkelbraunen Flecken entsteht.

Unterseite des Körpers schwarzbraun, dicht und fein punktirt, Seitenrand des Halsschildes an der untern Seite gelb, jedoch mit schwarzer äußern Kante; Schenkeldecke breit, schwach ausgeschnitten. Afterglied schmal undeutlich gelblich gerandet. Beine gelb.

Ich glaube nicht, daß unter Elater rufidens F. diese Art gemeint sey.

47. Elater posticus.

E. nigro fuscus; antennis, thoracis angulis marginoque postico flavis, pedibus pallidis, clypeo convexo truncato, elytrorum pubescentia adpressa.

In Brasilien, St. Catharina.

Länge 3 Linien, verhältnißmäßig schmäler, als der vorhergehende. Kopf stark gewölbt, ziemlich stark und dicht punktirt, sehr dünn behaart, schwarzbraun; Kopfschild hinabgebogen mit gerade abgeschnittenem Rande. Augen ziemlich groß, schwarz, hervorstehend. Fühler etwas länger, als das Halsschild, bräunlich gelb, im Ganzen wie beim vorigen gebaut.

Halsschild fast länger als breit, Vorderrand in der Mitte gerade mit vorstehenden breiten abgerundeten Vorderecken, Seiten bis hinter der Mitte allmälig an Breite gewinnend, treten an den Hinterstachel sehr wenig einwärts, die Stachel sind breit, kurz, zugespitzt, fast gerade nach hinten gerichtet und mit einer kleinen Längskante nahe am äußern Rande versehen, Oberfläche ziemlich stark gleichmäßig gewölbt, dicht und ziemlich stark punktirt, fein behaart, schwarzbraun, Vorderecken und Hinterrand mit den Stacheln bräunlich gelb. Schildchen länglich, mit einer stumpfen Spitze, braun, behaart.

Flügeldecken so breit, als das Halsschild, bis zur Mitte gleichbreit mit spitzen Enden schwach gewölbt, tief gestreift, mit eckigen Kanten der Streifen und Punkte im Grunde derselben, vorzüglich an den Seitenstreifen, Zwischenräume flach, sehr fein querrunzlicht, schwarzbraun mit ziemlich dichtem feinen anliegenden

Haarüberzuge von bräunlich grauer Farbe. Seitentheile des Halsschildes an der Unterseite dicht und fein punktirt, schwarzbraun mit breit gelbbraunen Hinterecken; Unterhals stärker punktirt, vorn rothbraun, hinten schwärzlich braun. Brust und Bauch sehr fein punktirt, behaart, schwarzbraun mit lichterem After; Schenkeldecken ziemlich stark ausgeschnitten. Beine blaßgelb.

48. Buprestis spinigera.

B. supra aurichalcea, subtus albo maculata, elytris apice spinosis, abdomine cupreo.

In Brasilien, St. Catharina.

Länge $3\frac{1}{2}$ Linien, schmal. Hauptfarbe wie Messing, etwas dunkel. Kopf groß, ziemlich grob runzlicht mit schwachem Kupferglanze, Stirn etwas gewölbt, mit breiter flacher Längsfurche; Kopfschild und Oberlippe grün; Augen gelbbraun. Fühler bis zur Hälfte des Halsschildes reichend, dunkelgrün, metallisch, sägeförmig.

Halsschild hinten so breit wie lang, vorn breiter, Vorderrand etwas vorstehend, Seiten hängen vorn hinab, verschmälern sich stark bis zu den rechtwinkligen Hinterecken, Hinterrand in der Mitte vorstehend, an den Seiten ausgeschnitten; dicht am Seitenrande läuft vom vordern zum hintern Winkel eine kleine Kante, welche vorn weiter absteht als hinten; eine zweite gleich hohe Kante entspringt etwas nach innen vom Hinterwinkel und begiebt sich zur Mitte der vorigen; Oberfläche stark querüber gewölbt, fein querrunzlicht mit einer flachen Längsfurche und einem ziemlich glatten Höcker an jeder Seite des Vordertheils, mit schwachem Kupferglanze. Schildchen dreieckig, glatt mit einer Querquante.

Flügeldecken an der Wurzel ein wenig breiter, als der hintere Theil des Halsschildes; lang schmal, an den Seiten ausgeschnitten, gegen das Ende stark verschmälert, mit einem breiten spitzen Stachel in der Mitte der Enden, und einem sehr feinen Stachel am Ende der Naht, ferner ein oder zwei feine sägeartige Zähnchen außerhalb des mittlern Stachels; Oberfläche gewölbt mit einer abgerundeten Längskante, an den Seiten fein querrunzlicht, in der Mitte mit feinen ringförmigen Eindrücken; in der Vertiefung längs der Naht bemerkt man bei gewissem Lichte einen goldgelben oder gelbgrauen haarigen Streifen.

Unterseite des Körpers kupferroth, der ganze Unterhals und zwei breite Längsstreifen auf der Brust weiß behaart; auf dem sehr großen ersten Bauchringe, welcher in der Mitte an jeder Seite mit einem Quereindrucke bezeichnet ist, bemerkt man über dem Eindruck einen großen dreieckigen und einen andern runden grauen Fleck, so wie die Seiten der übrigen Ringe grau sind. Beine dunkel kupfrig.

Von B. armata und bilineata Weber hinlänglich verschieden.

49. **Buprestis aequicollis.**

B. viridi aenea, thorace aequali: carinula basi nulla, elytris apicem serrulatam versus infuscatis, corpore subtus elytrorumque linea aureo sqamosa.

Auf der Insel Luzon, bei Manilla.

Länge $2\frac{2}{3}$ Linien, schmal. Kopf groß gewölbt, Hinterhaupt der Länge nach gestreift, Stirn schwach gewölbt, grob querrunzlicht, goldgrün. Augen gelbbraun. Fühler von der Länge des Kopfes, dick sägeförmig, schwarzgrün.

Halsschild viel breiter als lang, Vorderrand gerade abgeschnitten, mit tief hinabreichenden zugespitzten Vorderecken, Seiten in gerader Linie von unten und vorn nach oben, hinten und innen verlaufend mit einer kleinen nebenstehenden Längskante, die vorn weiter als hinten von ihnen entfernt ist, Hinterecken rechtwinklig, Hinterrand dreimal ausgeschnitten, in der Mitte vorstehend, Oberfläche querübergewölbt, fein querrunzlich, übrigens eben ohne die gewöhnliche kleine Kante im Hinterwinkel; goldgrün. Schildchen dreieckig, breit mit der Querkante.

Flügeldecken kaum breiter, als das Halsschild, schmal, lang, das abgestumpfte Ende nebst einem kleinen Fortsatze tief und fein gesägt, gewölbt, grob aber flach gekörnt, an der Wurzel goldgrün, der übrige Theil nebst der ganzen Naht schwarz mit wenigem Messingglanze; in der Nähe der Naht läuft in einer schwachen Vertiefung eine aus goldfarbenen feinen Schuppen gebildete Längslinie. Körper unten fein runzlicht, goldgrün mit zerstreuten goldfarbenen feinen Schuppen. Beine grün.

50. Buprestis occipitalis.

B. obscure aenea; capite elytrorumque apice serrulato cupreis, occipite sulcato, thorace inaequali, elytris maculis punctisque aurichalceis variegatis.

Auf der Insel Luzon, bei Manilla.

Länge 3 Linien, ziemlich breit. Kopf breit, runzlicht punktirt, stark kupfrig glänzend, Hinterhaupt tief gefurcht, Stirn flach uneben. Augen schwarz, Fühler kürzer, als das Halsschild, schwarz, am Ende sägeförmig. Halsschild etwas breiter, als lang, vorn etwas vorstehend, die vorn herabhängenden Seiten laufen fast in gerader Richtung von vorn und unten, nach hinten, oben und innen, Hinterrand in der Mitte vorstehend gerade, an den Seiten aufgeschnitten, Oberfläche gewölbt, durch viele Gruben uneben, wodurch in der Mitte ein Querwulst entsteht, fein querrissig, die gewöhnliche Seitenkante ist vorn bogig und weit abstehend; eine zweite Längskante an jedem Hinterwinkel ist gekrümmt und vereinigt sich nicht mit der Seitenkante; Farbe metallisch schwarz mit grün kupfrigem Schimmer. Schildchen breit, spitz, mit der Querkante, übrigens glatt.

Flügeldecken an der Wurzel kaum breiter, als das Halsschild, in der Mitte breiter, am Ende stark verschmälert, das ganze abgerundete Ende scharf gesägt, Oberfläche schwach gewölbt mit platter Schulter, schuppig gekörnt, metallisch schwarz mit einzelnen Punkten und Flecken, von denen einige an der Wurzel und hinter der Mitte zu zackigen Binden vereint sind; von Messingfarbe, die Enden der Flügeldecken kupfrig glänzend.

Unterseite des Körpers und Beine dunkel metallisch, Bauch stark glänzend, alles mit sehr zerstreuten feinen grauen Schuppen überzogen. An der innern Seite der vordern Schenkel bemerkt man eine Reihe sehr feiner Zähne, die Hinterschienen sind außen am Ende mit einer Haarreihe besetzt.

Scheinet der B. angulata F. ähnlich zu seyn.

61. Forficula linearis.

F. ferruginea, angustata; forcipe tereti inermi recta; thoracis lateribus, elytris pedibusque pallidis: elytrorum alarumque sutura ferruginea.

In Brasilien, St. Catharina.

Länge 5 Linien mit den Zangen, schmal. Kopf rothbraun mit haarigem Maule und gelben Augen. Fühler länger, als der halbe Körper, braun; erstes dickeres walzenförmiges Glied schwarz (mein Exemplar hat nur zehn Glieder an den Fühlern, es fehlen offenbar die Endglieder). Halsschild etwas länger als breit, hnten stark gerundet, an den Seiten gerandet, in der Mitte rothbraun, Seiten und Hinterrand gelb.

Flügeldecken viel breiter als das Halsschild, noch einmal so lang, hinten schief abgeschnitten, Nahtecke zugespitzt; gelb mit breit rothbrauner Naht und bräunlichem nach unten gekehrten Rande. Hornartiger vorgestreckter Theil der Flügel gelb mit braunem innerm Rande. Der übrige Leib braun mit schwärzlichen Seiten; auf der obern Seite des dritten Bauchringes an jeder Seite ein länglichter schwarzer Höcker. Zangen $1\frac{1}{3}$ Linie lang, walzenförmig, dunkelbraun, gerade nach hinten und sehr wenig nach oben gerichtet, am Ende zugespitzt und einwärts gebogen, am innern Rande sehr fein gezähnt.

Beine gelb. — Scheint der F. parallela F. ähnlich.

52. Forficula pectoralis.

F. brunnea, aptera; forcipe crassa trigona subrecurva; collo, pectore pedibusque pallidis.

In Kamtschatka.

Länge $7\frac{1}{2}$ Lin., hinten breit. Kopf schwarzbraun mit gelben Mundtheilen. Fühler kürzer als der halbe Körper, das erste und dritte Glied gelb, das zweite klein und die übrigen eiförmigen Glieder braun; das 13te und 14te Glied (zuweilen das 14te allein) hellgelb, das 15te braun. Halsschild etwas länger als breit mit aufgeworfenen Seiten und sehr wenig gerundetem Hinterrande; schwarzbraun, bei einem Exemplare nur die schmalen Seitenränder gelb, beim andern auch der vordere Rand sehr breit und der hintere sehr schmal bräunlich gelb.

Flügel und Flügeldecken fehlen bei allen; zwei Brustringe sehr breit und braun. Hinterleib viel breiter, als der vordere Körpertheil, schwarzbraun, Bauchringe schmal braunroth gesäumt; letzter Abschnitt sehr groß, am Ende runzlicht. Zangen kurz, an der Wurzel dick, dreieckig, die zugespitzten Enden nach innen und oben gebogen, der innere Rand feinzähnig.

Da ich mehrere solcher ungeflügelter Exemplare fing, so vermuthete ich, daß diese Art flügellos sey. Vielleicht sind es Weibchen, denn ich erhielt noch einen Ohrwurm, der kaum vier Linien lang, dessen Zangen eben so beschaffen wie bei den großen, dessen Unterhals, Brust und Beine ebenfalls gelb sind, der aber kurze braune (vollkommen ausgebildete) Flügeldecken mit abgestumpfter Nathecke und ein queres helleres Halsschild besitzt und dessen breiter Hinterleib, sowohl oben, als unten in der Mitte hellbraun, an den Seiten schwarzbraun gefärbt ist. Dieser ebenfalls flügellose könnte das Mänchen seyn.

Anmerkung. In die Beschreibung der Forficula morio F. hat sich ein Druckfehler eingeschlichen, der mich anfangs in der Bestimmung dieses auch auf den Sandwichsinseln einheimischen Insects sehr irre leitete; es muß da nämlich heißen: Antennae — articulo 14. 15. albis. Zuweilen ist das 13te und 14te Glied weiß. Die Zangen meiner Exemplare haben außer den an der Wurzel befindlichen sehr feinen Zähnchen, noch drei größere in der Mitte, von denen der vorderste oben, die beiden andern unten stehen.

53. Blatta heros.

B. ferruginea, thorace rotundato: annulo pallido.

Auf der Insel Luzon; kam aus Manilla mit Lebensmitteln ans Schiff.

Länge 1 Zoll und 7 Linien. In Hinsicht der Zeichnung der Bl. australasiae und der collossea Illg. einigermaßen ähnlich. Kopf rothbraun mit schwarzer Stirn, gelber Oberlippe und grauen Augen. Fühler länger als der Körper, rothbraun. Halsschild gerundet, vorn etwas schmäler als hinten, rothbraun, mit einem großen bräunlich gelben Ringe, der vorn schmäler ist und in der Mitte eine Zacke nach hinten schickt; der Seitentheil wird breiter und liegt nahe am Rande; hinten ist der Ring vom dunkelbraunen Rande entfernt und am breitesten.

Flügeldecken sehr lang und schmal, der äußere Rand bildet einen sehr schwachen Bogen; sie sind röthlichbraun, ungefleckt (bei B. australasiae bildet der äußere Rand der Flügeldecken in der Mitte eine stumpfe Ecke.). Flügel so lang als die Decken. Hinterleib braun mit langen behaarten zugespitzten Afteranhängseln. Beine rothbraun mit blaßgelben Hüftstücken.

54. Blatta lateralis.

B. thorace nigro, elytris lividis; thoracis elytrorumque lateribus abdominisque margine pallidis.

In Brasilien, St. Catharina, zwischen Bromelienblättern.

Länge 9 bis 11 Linien. Kopf schwarz mit gelben Mundtheilen und Augen. Fühler viel kürzer als der Körper, braun. Halsschild breiter als lang, Hinterrand gerade mit abgerundeten Ecken, vorn schmal, gerad abgeschnitten, schwarzbraun, Seitenrand blaßgelb, bei einigen schmal, bei einem Exemplare zackig.

Flügeldecken ziemlich breit und nicht sehr lang, bräunlich gelb, gegen das Ende heller, Seitenrand an der vordern Hälfte breit hellgelb. Hinterleib dunkelbraun mit hellgelbem Rande sowohl oben als unten; unten am Anfange in der Mitte gelblich. Beine nebst Hüftstücken bräunlich gelb.

55. Blatta elegans.

B. livida, supra cinerea; capitis fasciis, thoracis lineis lateralibus maculisque disci elytrisque lineola basi nigris, thoracis lateribus incarnatis.

Auf der Insel Luzon.

Länge 10 Linien. Kopf graugelb mit einer breiten schwarzen Querbinde zwischen den Augen und einer schmälern am Vorderrande des Halsschildes. Augen gelb. Fühler kürzer als der Körper, braun; erstes Glied gelb. Halsschild viel breiter als lang, vorn gerade abgeschnitten, Seiten hinter der Mitte stark erweitert, wo sie eine stumpfe Ecke bilden; Hauptfarbe gelbgrau, die breiten Seiten fleischfarben, welche Farbe von einer breiten schwarzen Seitenlinie begränzt wird; diese erreicht den Vorderrand nicht und hat in der vordern Hälfte eine kleine Unterbrechung; in der Mitte sieht man an jeder Seite fünf unregelmäßige zusammengeflossene dunkelbraune Flecken, und in der vordern Hälfte eine dunkelbraune Mittellinie, die sich vorn spaltet.

Flügeldecken nur so lang als der Hinterleib und auch so breit, dunkelgrau, mit hell fleischfarbenem breiten Seitenrande am vordern Drittheile, welcher durch eine sehr kurze schwarze Linie nach innen begränzt wird. Hinterleib bräunlich gelb mit dunkelbrannen Seiten; der äußere schmale Rand und ein Querstrich auf jedem Bauchringe an jeder Seite gelblich weiß. Beine schmutzig gelb.

56. Blatta spectrum.

B. fusco ferruginea; thorace elytrisque albis; thoracis macula quadrata, scutello punctisque elytrorum atris: humeris appendiculatis.

In Brasilien, St. Catharina.

Länge vom Kopf bis zum Ende der Flügeldecken ein Zoll. Kopf schwarz mit gelbem Maule und grauen Augen. Fühler kürzer als der Körper, braun, an der Wurzel schwarz. Halsschild fast noch einmal so breit als lang, vorn gerundet, hinten gerade, Seiten mit einer stumpfen dickrandigen Ecke vorstehend, an den Seiten runzlicht, in der Mitte mit sehr zerstreuten groden Punkten, gelblich weiß, in der Mitte ein viereckiger Fleck, der zum Hinterrande reicht und vorn zwei kleine weiße Flecken einschließt. Schildchen groß, dreieckig, schwarz.

Flügeldecken viel länger als der Körper, Vorderecken in einem länglichen abgerundeten aufgerichteten Fortsatz verlängert; vor der Mitte stark erweitert, Oberfläche erhaben netzförmig, gelblich weiß mit einer kurzen Längslinie an der Wurzel, vielen zerstreuten Punkten und mehrern größern Flecken auf der Mitte der linken Flügeldecke von schwarzbrauner Farbe. Unterseite des Körpers nebst Beinen dunkelbraun, Seitenrand des Hinterleibes gelbbraun.

57. Blatta punctata.

B. nigro fusca, supra sericea, thorace postice sinuato, elytris castaneis punctato striatis.

Auf den Sandwichsinseln im Freien.

Länge 8 Linien, breit. Kopf schwarz mit gelber Oberlippe und Augen. Fühler von der Länge des Körpers, braun. Halsschild viel breiter als lang, halbmondförmig, Hinterecken etwas nach hinten vorstehend, stumpf; ungerandet, querüber gewölbt, schwarzbraun mit feinem bräunlichen anliegenden Haarüberzuge; der schmale Vorderrand zuweilen rothbraun. Schildchen dreieckig, schwarz.

Flügeldecken breiter als das Halsschild, von der Länge des Körpers, kastanienbraun, punktirt gestreift, die Reihen laufen schief von außen nach innen, mit braunerem Haarüberzuge, als das Halsschild. Körper unten nebst Beinen schwarzbraun.

58. Blatta cassidea.

B. flava, thorace inaequali alutaceo medio atro. elytris abbreviatis: basi vitta abdomineque supra fasciis atris.

In Brasilien, St. Catharina.

Länge $1\frac{1}{2}$ Zoll, Breite zehn Linien. Kopf zurückgezogen, schwarzbraun, vor den grauen Augen eine gelbe Binde. Fühler viel kürzer als der Körper, schwarz. Halsschild etwas breiter als lang, im Ganzen dreieckig, vorn stark über den Kopf vorragend und gerundet, Vorder- und Seitenrand stark zurückgebogen, an jeder Seite eine tiefe Grube und in der Mitte eine flache Vertiefung, wodurch drei große Hügel entstehen, die mit großen Körnern besetzt sind; Hinterrand fast gerade mit abgerundeten Hinterecken; Hauptfarbe gelb, ein großer viereckiger Fleck am Hinterrande, ein breiter mittlerer Streifen und der Hinterrand schwarz, die Körner der Oberfläche und der ganze vordere und Seitenrand rothbraun. Schildchen gelb mit einer braunen Mittellinie.

Flügeldecken so breit als das Halsschild, nur um die Hälfte länger als breit, bedecken den Hinterleib nur zur Hälfte, hinten abgerundet. Oberfläche gewölbt, fein runzlich, gelbbraun, mit einem langen schwarzen Fleck an der Wurzel. Flügel mangeln. Hinterleib kurz, breiter als die Flügeldecken, oben mit breiten schwarzen Querbinden, die nur einen dreieckigen Fleck an den Seiten und einen schmalen Strich an der Wurzel der Bauchringe gelb lassen; Afterglied oben ganz gelb, unten gelb mit bräunlichen Seiten und braunem After; Anhängsel sehr kurz.

Ein mit kurzen Flügeldecken in einer Baumspalte gefangenes Exemplar häutete sich noch in der Gefangenschaft, worauf die Flügeldecken nur um weniges an Länge zunahmen, aber Flügel bekam das Thier nicht; auch andere mit Flügeldecken versehene Exemplare waren flügellos.

59. Blatta signata.

B. aptera; elytris brevissimis; nigra, signaturis pallidis variegata; thorace annulo basi medio interrupto maculisque duabus disci pallidis.

Auf der Insel Luzon.

Länge 10 Linien. Kopf schwarz mit einer gelben Binde im Nacken und zwei Binden vor den grauen Augen. Fühler braun, länger als der Körper. Halsschild breiter als lang, Hinterrand gerade abgeschnitten mit stumpfen Ecken, vorn schmäler, Seiten gerundet, etwas gewölbt, ungerandet, mit einem gelben Ringe, der an den Seiten und vorn schmal ist, längs der Rändern verläuft und vorn in der Mitte eine Zacke nach hinten abschickt; hinten steht der Ring weiter vom Rande, wird breiter zackig, ist in der Mitte immer durch einen breiten Zwischenraum getrennt, zuweilen auch an den Seiten, wodurch dann am Hinterrande zwei Flekken entstehen; in der Mitte des Halsschildes befinden sich noch zwei längliche gelbe Querflecken.

Flügeldecken nur etwas länger als der erste Brustring, sehr schmal, mit abgerundeten Enden, schwarz, mit einem dreieckigen gelben Flecke nahe am Außenrande. Auf dem ersten schwarzen Brustringe entweder ein großer gelber Fleck mit einem schwarzen Punkte, oder

oder ein schmaler zackiger Fleck. Auf dem zweiten Brustringe stehen zwei dreimal geschlängelte gelbe Querlinien neben einander und am Außenrande ein länglicher gelber Fleck.

Hinterleib schwarzbraun, jeder Ring oben an den Seiten mit einem gelben Querflecke; an einem Exemplare findet sich auf dem ersten Ringe noch eine gelbe Querlinie. Beine gelb mit braunen Linien und Stacheln; Hüftstücke blaßgelb mit einem großen schwarzen Fleck; bei einigen sind Hinterschienen und Füße einfarbig braun.

60. Blatta aterrima.

B. aterrima, punctulata, aptera; elytris brevissimis apice truncatis.

Auf den Koralleninseln der Südsee Radack.

Länge 11 Linien, Breite 6 Linien. Körper überall gleichmäßig tiefschwarz, stark glänzend. Augen grau. Fühler kürzer als der Körper, schwarzbraun. Halsschild viel breiter als lang, hinten gerade abgeschnitten mit spitzen Hinterecken, Seiten und Vorderrand bilden einen starken Bogen, Oberfläche gewölbt und fein punktirt. Flügeldecken sehr schmal, nur so lang als der erste Brustring, am Ende schief abgeschnitten, stark punktirt. Brust- und Leibringe fein punktirt.

61. Blatta saxicola.

B. aptera, atra, rugosa; thorace granulato; pectore pedibusque rufo piceis.

Am Vorgebirge der guten Hoffnung, an Steinen.

Länge 9 Linien, Breite 5 Linien. Körper oben matt schwarz, stark gewölbt. Kopf schwarz mit gelber Lippe und grauen Augen, unter das Halsschild zurück.

gezogen. Fühler braun, von der Länge des halben Körpers. Halsschild fast noch einmal so breit als lang, Seiten und Vorderrand bilden einen starken über den Kopf wegragenden Bogen, hinten im Ganzen genommen gerade abgeschnitten, die Mitte und die Hinterecken ragen jedoch ein wenig vor; ungerandet, stark gewölbt, punctirt, runzlicht und zerstreut grobkörnig. Flügeldecken und Flügel fehlen ganz.

Brustringe runzlicht punktirt mit stark ausgeschnittenen hintern Rändern; Rückenringe zerstreut körnig. Körper unten schwarzbraun mit rothbraunen Beinen und Hüftstücken.

Unter vielen gleich großen Exemplaren kam mir kein geflügeltes vor, und daß ich hier ein völlig ausgebildetes Weibchen beschrieben habe, weiß ich aus dem Umstande, daß sich unter einem eingefangenen Thiere am andern Tage mehrere blasse Jungen von derselben Gestalt befanden; von Eischaalen war aber gar nichts zu bemerken.

Daß diese Schabe wirklich flügellos sey, dafür scheint selbst der Umstand zu sprechen, daß dieses in der Gegend der Capstadt auf Steinen so häufige Thier noch von keinem Naturforscher beschrieben ist; woraus man vermuthen muß, daß niemand dasselbe geflügelt gefunden und jeder es für eine Larve gehalten habe.

62. Tonthredo fuscicornis.

T. atra; antennis, abdominis medio pedibusque rufo piceis; ore, thoracis maculis scutelloque albis.

In Kamtschatka, St. Peter und Paulshafen.

Länge fast 6 Linien. Die Aehnlichkeit in Gestalt und Zeichnung mit T. scutellaris F. ist sehr groß, von welcher sie sich vorzüglich durch die Farbe der Fühler und des Schildchens unterscheidet. Der Kopf (des einzigen Weibchens) schwarz; ein dreieckiges Schildchen zwischen den Fühlern, das Kopfschild, ein Halbring vor den Augen und alle Mundtheile gelblich weiß. Augen grau. Fühler kaum länger als der Mittelleib, größtentheils fadenförmig, am Ende dünner, schmutzig rothbraun, neungliedrig; die drei ersten Glieder an der Wurzel schwarz.

Mittelleib schwarz; Halsschildseiten breitgelb; Flügelschuppen, mittlerer Theil des Schildchens und Rükkenkörner gelblich; ein großer weißer Fleck auf jedem Hüftstücke. Hinterleib schwarz, breit; auf jeder Seite des ersten Ringes ein weißer Fleck, der dritte, vierte und fünfte Ring oben ganz rothbraun, unten mit großen schwarzen Flecken. Flügel länger als der Körper, durchsichtig, mit gelbbrauner Flügelrippe und Mahl, und mit schwarzen Nerven; Randfeld getheilt, Binnenfelder drei. Beine rothbraun, die hintere Beinwurzel nebst den Hinterschenkeln schwarz.

63. Tenthredo subcoerulea.

T. atra; abdominis tergo atra coeruleo; mandibulis, palpis pedibusque pallidis.

Auf der Insel Unalaschka.

Länge 5 Linien, der T. mandibularis verwandt. Kopf schwarz; Kinnbacken gelb, an der Wurzel mit einem kleinen schwarzen Fleck und brauner Spitze; Taster gelb; bei einem Exemplare das Kopfschild an jeder Seite mit einem gelben Flecke. Fühler etwas länger als der Mittelleib, fadenförmig schwarz. Mittelleib schwarz, matt; Rückenkörner gelblich; Hüftstück mit einem gelben Fleck. Hinterleib schwarz, glänzend, auf dem Rücken schwarzblau. Flügel länger als der Körper, durchsichtig, mit schwarzbrauner Rippe und Nerven; mit getheiltem Randfelde und drei Binnenfeldern. Beine gelb; Beinwurzel schwarz, die hintersten mit gelber Spitze; die hintern Füße braun.

64. Tenthredo nigrofasciata.

T. atra; corpore subtus, capite, thoracis maculis scutelloque flavis; vertice capitis abdominisque fasciis nigris, parastigmate brunneo.

Auf der Insel Unalaschka.

Länge 4 Linien; sie gehört zu der Abtheilung der Sägewespen, deren Hinterschenkel über den Hinterleib hinausragen und scheint der T. vaga F. sehr ähnlich zu seyn. Kopf hellgelb, auf dem Scheitel mit einem großen schwarzen Flecke; auch am Hinterrande schwarz. Augen grau. Fühler länger als der Mittelleib, borstenförmig, schwarz; erstes Glied unten weiß. Des Halsschildes breite Ränder, zwei Längsstreifen auf dem Rückenschilde und das Schildchens breit gelb. Rückenkörner braun. Brust hellgelb, Brustseiten mit einem schwarzen Flecke. Hinterleib kurz, breit, oben schwarz glänzend; die hintern Rückenreihen an den Seiten sehr schmal hellgelb gerandet; Bauchringe hellgelb, die Wurzel derselben in der Mitte bis zur Hälfte schwarz.

Flügel etwas länger als der Hinterleib, durchsichtig, mit dunkelbraunen Nerven und Randmahl; Randfeld getheilt, Binnenfelder drei; der scheidende Nerve der beiden Randfelder und auch der beiden ersten Binnenfelder hellgelb. Beine mit den Beinwurzeln hellgelb; die vordern Beine, die hintere Hälfte der Hinterschenkel und die Hinterschienen auf der obern Seite mit einem schwarzen Längsstreifen; Hinterfüße ganz schwarz.

65. Nematus crassus.

N. ater; capitis lateribus, stethidii lineis, scutello pleurisque castaneis; tibiis pallidis.

Auf der Insel Unalaschka.

Länge 4 Linien, Körper dick. Kopf in der Mitte schwarz, an den Seiten kastanienbraun, mit gelben Mundtheilen. Fühler länger als der Mittelleib, fadenförmig, schwarz. Halsschild mit braunen Rändern. Zwei Längslinien auf dem Brustschilde, das Schildchen und der größte Theil der Brustseiten kastanienbraun. Hinterleib gewölbt, glänzend, schwarz. Flügel länger als der Körper, breit, durchsichtig, mit gelber Rippe und Randmahl, und braunen Nerven, Randfeld einfach, fast bis zur Spitze reichend, drei Binnenfelder. Beine gelb; auf der Unterseite der Vorderschenkel ein langer schwarzer Fleck, Hinterschenkel schwarz mit gelben Enden.

66. Nematus longicornis.

N. ater; abdominis tergi fusci margine, ventre pedibusque pallidis; femoribus posticis nigris; alarum costa pallida, parastigmate brunneo.

Auf der Insel Unalaschka.

Länge $2\frac{1}{2}$ Linien. Kopf schwarz mit gelblicher Oberlippe und hellgrauen Augen. Fühler länger als der halbe Körper, borstenförmig, schwarz. Mittelleib schwarz, Ränder des Halsschildes gelblich. Hinterleib breit platt, Rücken schwarzbraun mit hellgelbem Seitenrande,

Bauch gelb. Flügel länger als der Leib, schmal, durchsichtig; Rippe gelb, Randmahl und Nerven braun; Randfeld einfach, Binnenfelder drei. Beine gelb, Hinterschenkel in der Mitte schwarzbraun.

67. **Stictia chilensis.**

St. nigra; clypeo, labro juguliqne marginibus flavis; metathorace cinereo villoso immaculato; abdomine subcoeruleo: segmentis maculis supra quatuor subtus duobus transversis albis.

In Chili, Conception.

Länge 10 Linien. Kopf schwarz, weißgrau behaart, außerhalb der braunen Augen ihrer ganzen Länge nach, innerhalb nur zur Hälfte gelb eingefaßt. Kopfschild und Oberlippe gelb; ersteres an jeder Seite der Wurzel mit einem kleinen schwarzen Strich. Kinnbacken gelb mit brauner Spitze und zwei innern Zähnchen. Kinnladen braun. Fühler kurz, schwarz mit unten gelbem Schafte.

Mittelleib schwarz, feinkörnig, hellgrau behaart, oben ungefleckt bis auf die gelben Flügelschuppen; Hinterrand des Unterhalses und Vorderrand der Brustseiten breit gelb; auch auf den Hüftstücken zwei gelbe Querstriche. Hinterleib nackt, nur an der Wurzel etwas behaart, schwarz, mit bläulichem Metallglanze; fünf Rückenringe jeder mit vier greßen gelblich perlmutterfarbenen Flecken, von welchen die auf dem ersten Ringe ziemlich gleichgroß und dreieckig sind, die auf den übrigen Ringen aber eine längliche Gestalt haben, und die äußern die mittlern an Größe weit übertreffen; von den Bauchringen sind nur die vier hintern mit eben so gefärbten großen Querflecken, zwei auf jedem Ringe, versehen. Die zugespitzte Afterdecke hat sowohl oben als unten einen herzförmigen weißen Fleck.

Flügel ganz durchsichtig. Beine gelb, der größte Theil der Schenkel und ein Strich auf der Oberseite der Schienen schwarz.

Meine Exemplare sind Weibchen, da sie außer dem Aftergliede nur fünf Leibringe haben; Bembex lineata F. muß dieser sehr ähnlich seyn.

68. Cerceris formicaria.

C. atra; fronte, pedibus, thoracis maculis, abdominisque fasciis quatuor flavis: segmento secundo basi, tertio quinto sextoque apice flavis.

Auf der Insel Luzon, bei Manilla.

Größe der Cerc. quinquecincta, Gestalt des Hinterleibes aber anders, scheint der C. circularis am nächsten zu stehen. Kopf breit, grob punktirt, schwarz; Untergesicht nebst Kinnbacken gelb. Augen hellgrau. Fühler reichen bis zu den Flügelwurzeln, sind am Ende verdickt; Wurzelglied und Wendeglied schwarz, Schaft gelb, Geißel oben schwarzbraun, unten an der Wurzel und am Ende rothbraun.

Mittelleib grob punktirt, schwarz; zwei Flecken des Halsschildes, die Schulterblätter, das schmale Schildchen und zwei breite lange Flecken des Hinterrückens gelb. Hinterleib langgestreckt, grobpunctirt, schwarz; der erste Ring schmal, so lang als breit, ungefleckt der zweite Rückenring noch einmal so breit, als der vorhergehende, kurz mit einer breiten Querbinde an der Wurzel; der dritte Rückenring gelb mit einem schwarzen Querfleck an der Wurzel in der Mitte; der vierte ungefleckt schwarz; der fünfte und sechste an den Seiten breit, in der Mitte am hintern Rande schmal gelb; Afterdecke kantig, ungefleckt. Der zweite, dritte und vierte Bauchring sind jeder mit einem gelben Querfleck an jeder Seite bezeichnet.

Flügel fast kürzer als der Hinterleib, durchsichtig; Oberflügel mit schwärzlicher Spitze; Nerven und Randmahl schwarzbraun; Felder wie bei C. quinquecincta. Beine mit den Hüftwurzeln gelb; vordere Schenkel oben mit einem schwarzen Flecke; Hinterschenkel nebst dem Ende der Hinterschienen schwarz; Hinterfüße schwärzlich.

69. Pompilus spinimanus.

P. atro coeruleus; alis nigro violaceis; tarsis anticis extus longe spinoso ciliatis.

In Chili, Conception.

Ungefähr so groß wie P. viaticus. Kopf dunkelblau; oben schwach, unten dicht mit langen schwarzen abstehenden Haaren besetzt. Fühler bis zum Hinterrücken reichend, schwarz, mit dickem eiförmigen Schafte. Augen grau. Mittelleib dunkelblau mit einzelnen feinen Haaren; hinterer Fortsatz des Rückenschildes flach, Schildchen breit.

Flügel kürzer als der Hinterleib, schwarzbraun mit dunkel veilchenblauem Schimmer, besonders unten. Hinterleib dunkelblau, am Ende und unten etwas behaart.

Beine dunkelblau mit schwach behaarten Beinwurzeln und stachligen Schienen und Fußgliedern; an den Vorderfüßen sind die äußern Stacheln, deren zwei an jedem Fußgliede sitzen, sehr lang.

70. Apis capensis.

A. nigro fusca; abdomine supra nudo, basi villoso: segmento secundo basi ferrugineo; segmentis ventralibus anticis apice flavis.

Am Vorgebirge der guten Hoffnung.

Länge $5\frac{1}{2}$ Linien. Hauptfarbe des Körpers schwarzbraun. Hinterkopf mit langen dichten schwarzen Haaren, Stirn mit kürzeren aufrechten gelbgrauen Haaren, Untergesicht mit anliegenden weißgrauen Härchen, und Wangen weißgrau lang behaart. Kinnbacken an der Wurzel schwarzbraun, der übrige Theil rothbraun. Augen gelb und gelb behaart. Fühlerwurzel braun, der übrige Theil schwarz.

Mittelleib schwarzbraun mit langen gelbgrauen Haaren dicht besetzt. Hinterleib so breit wie der Mittelleib, erster Rückenring mit gelben langen Haaren dicht besetzt, schwarz, mit gelblicher Grube; die übrigen Rükkenringe fast nackt, hin und wieder mit sehr kurzen anliegenden schwarzen Härchen besetzt; schwarz; der zweite Ring an der vordern Hälfte gelbgrau, der dritte und vierte an der Wurzel etwas grau. Bauch zerstreut behaart, schwarz, die vier vordern Ringe breit hellgelb gerandet.

Flügel ganz durchsichtig, mit brauner Flügelrippe und übrigens ganz ähnlichen Feldern, als bei A mellifica. Beine schwarzbraun mit braunen Pfoten; innere

Seite der Hinterschienen mit kurzen anliegenden gelben Borsten dicht überzogen, Fersenhenkel schmal und lang, Hechel rothbraun.

71. Apis bifasciata.

A. nigra; scutello, ventre fasciisque duabus abdominis flavis: segmento secundo tertioque basi cingulis pallidis.

Auf der Insel Luzon, bei Manilla.

Länge $4\frac{3}{4}$ Linien. Kopf schwarz, Hinterhaupt mit schwarzen langen Haaren dünn besetzt, Haare der Stirn kürzer, Untergesicht mit dünnem anliegenden gelblichen Haarüberzuge; Wangen lang weißlich behaart. Kinnbacken braun, an der Wurzel schwärzlich. Augen gelb mit gleichfarbigen Haaren. Fühler schwarz mit gelber Wurzel.

Mittelleib schwarz, Seiten stark gelb behaart, Oberrücken glänzend, sehr dünn behaart; Schildchen gelb. Hinterleib fast breiter, als der Mittelleib, lang; erster Rückenring schwarz mit gelber Grube, lang behaart; die übrigen Rückenringe mit sehr kurzen anliegenden Härchen, die vordere Hälfte des zweiten und dritten Ringes gelbbraun; der dritte Ring hat als Begränzung der gelblichen Farbe und der vierte an der Wurzel eine schmale Binde goldgelber Haare. Bauch gelb, kurz behaart.

Flügel durchsichtig mit ähnlichen Feldern, als bei mellifica. Beine einfarbig schwarz, Hinterschienen an der innern Fläche gelblich mit brauner Mitte und zerstreut behaart; Hechel gelb; Henkel dreieckig, spitz.

Die Gattung Apis ist sehr ausgezeichnet durch behaarte Augen und tief ausgeschnittene Bauchringe.

72. Scutellera Schönherri.

(Taf. II. Fig. 1,)

S. subtus sanguinea, supra crocea; capite supra, thoracis marginibus, scutelli punctis duobus baseos apiceque, elytris pedibusque coeruleis.

Auf der Insel Luzon, bei Manilla.

Länge 10 Linien, Breite 5 Linien. Kopf lang, spitz, an den Seiten gerandet, oben dicht punktirt, dunkelblau mit einer röthlich gelben Längslinie und einem braunen Randpunkt vor den Augen; unten über der Fühlerwurzel schwarzblau, unter derselben blutroth. Augen klein, schwarzbraun. Fühler von halber Körperlänge, schwarz, fadenförmig, mit walzenförmigen Gliedern; das dritte dreimal länger als das zweite.

Halsschild drittehalb mal so breit als lang, vorn viel schmäler als hinten, vorn stark ausgeschnitten mit kaum gerandeten Seitentheilen, von vorn bis hinter der Mitte stark nach außen und hinten in gerader Linie tretend, hinter der rechtwinkligen Ecke wieder sich stark verschmälernd, mit geradem Hinterrande; Oberfläche vorn flach, hinten wenig gewölbt, dicht punktirt, gelbroth, mit einer schmalen dunkelblauen Einfassung am vordern Seitenrande und einer breitern vorn ausgeschnittenen am hintern Seitenrande und Hinterrande, welche aber eine schmale Stelle in der Mitte der letztern frei läßt; in der Nähe des Vorderrandes bemerkt man noch auf jeder Seite einen gelblichen glatten Querfleck.

Das stark gewölbte dicht punktirte und den Hinterleib nach hinten ganz bedeckende Schildchen ist vorn schmäler, als das Halsschild und erweitert sich etwas hinter der Mitte; ist safrangelb mit zwei mittlern runden Flecken in der Nähe des Vorderrandes von schwarzblauer Farbe; eben so sind die Vorderecken und zwei lange sich berührende Randflecken an der Spitze gefärbt. Flügeldecken dunkelblau, Flügel schwärzlich. Körper unten blutroth, an jeder Seite des Unterhalses ein kleiner gekrümmter blauer Fleck, die Seiten der Brust blau; Bauch mit einem undeutlichen schwärzlichen Fleck am äußern Rande jedes Ringes, und einem schwarzen Fleck am After. Beine blau.

Bei Benennung dieses Insects habe ich dem um die Entomologie so sehr verdienten Herrn Commerzienrathe Schönherr meine Achtung bezeigen wollen.

73. Scutellera Germari.

(Taf. II. Fig. 1.)

S. viridi aurata; scutello maculis quinque rotundis sextoque triangulari atris, thorace coerulescenti trimaculato, antennis compressis canaliculatis.

Auf der Insel Luzon, bei Manilla häufig.

Länge 5 Linien, Breite des Halsschildes 3 Linien Kopf fast so breit als lang, vor den Augen ausgeschnitten, gewölbt, glatt, goldgrün, mit einem dunkelblauen mttlern Längsstreifen. Augen groß, braun. Fühler läger als der halbe Körper, schwarz; die zwei ersten Geder walzenförmig und glatt; das dritte viermal läger als das vorhergehende, an der Wurzel schmal, gegen das Ende allmählig breiter und platt werdend; das vierte Glied etwas länger und breiter als das vorige, oben und unten der Länge nach ausgehöhlt; das Endglied von gleicher Länge mit dem vierten, aber schmäler und lang zugespitzt, gefurcht.

Halsschild noch einmal so breit, als lang, vorn schwach ausgeschnitten und wenig schmäler als hinten, mit stumpfen Vorderecken, Seiten stark nach außen tretend, vor der hinter der Mitte gelegenen abgerundeten Ecke ausgeschnitten und ungerandet, hinter der Ecke schmal gerandet, Hinterrand gerade, Oberfläche stark gewölbt, undeutlich fein punktirt mit einem starken punktirt. Quereindruck am Vorderrande, hinten und an den Seiten blau, vorn grünlich mit zwei goldgrünen glänzenden Stellen am vordern Theile und drei großen runden schwarzen in einer Reihe nebeneinanderstehenden Flecken hinter derselben.

Schildchen vorn viel schmäler, als das Halsschild, hinten den Leib bedeckend, stark gewölbt, bis auf eine glatte Querwulst am Vorderrande dicht punktirt, goldgrün, mit sechs schwarzen Flecken: ein großer dreieckiger am vordern Theile in der Mitte, neben ihm zwei kleinere runde, hinter diesen wieder zwei ähnliche und in der Nähe der Spitze ein kleinerer runderer Fleck. Flügeldecken schwarzblau. Flügel in ihrem größten Theile durchsichtig, am Ende schwarzbraun.

Körper unten goldgrün, hintere Theil des Unterhalses und der Brust blau, Bauch runzlicht punktirt, die eingedrückten Stellen der Luftlöcher und der größte vordere Theil eines jeden Bauchringes in der Mitte schwarz. Beine blau. Am lebenden Thiere ist die lebhafte goldgrüne Farbe beständig die vorherrschende, im

Tode wird oft der Kopf, das ganze Halsschild und die Unterseite des Körpers blau.

Den von allen Entomologen anerkannten hohen Verdiensten um die Insectenkunde des Herrn Professor Germar zu huldigen, war meine Absicht bei Benennung dieses Insects.

71. Scutellera deplanata.

S. subrotunda atra; antennis, pedibus, elytris, scutelli abdominisque margine cum punctis submarginalibus abdominis flavis.

Auf der Insel Luzon, bei Manilla.

Länge 3 Linien, Breite $2\frac{1}{2}$ Linien. Körper ziemlich flach, oben schwarz, glänzend. Kopf noch einmal so breit als lang, flach, sehr fein runzlicht, Vorderrand gerundet, oben mit vier kleinen rothbraunen undeutlichen Flecken. Augen an den Seiten hervorstehend, dreieckig, gelb. Fühler kürzer als das Halsschild, auf der Unterseite zwischen Augen und Rüssel in der Nähe des Hinterrandes eingefügt, gelb; das zweite Glied sehr kurz, die übrigen gleichlang, die drei letzten behaart.

Halsschild mehr als noch einmal so breit als lang, vorn tief ausgeschnitten mit abgerundeten Vorderecken, Seiten gerundet, schmal gerandet, Hinterrand schwach gerundet, Oberfläche wenig querüber gewölbt, fein punktirt, Seitenrand schmal gelb mit aufgeworfenem braunem Rande. Schildchen breiter als lang, hinten sehr stumpf gerundet, den Hinterleib genau bedeckend, gerandet, ziemlich stark gewölbt, grob punktirt, neben dem ganzen äußern aufgeworfenem braunen Rande eine schmale gelbe Einfassung; zwei rothbraune Punkte stehen am Vorderrande.

Flügeldecken fast noch einmal so lang als das Schildchen, hornartiger Theil gelb, der häutige Theil durchsichtig mit sehr starken braunen Nerven. Flügel kurz, durchsichtig mit braunen Nerven. Kopf unten ausgehöhlt, glänzend. Unterhals und Brust grau, matt. Bauch glänzend schwarz, der ganze äußere Rand und eine Reihe Punkte neben demselben gelb. Beine gelb; der größte Theil der Schenkel bräunlich.

Dieser Art in der Zeichnung ähnlich sind Tetyra Lundii und Vahlii F.

75. **Scutellera albipennis.**

S. atra, punctata; elytris basi flavis fusco marginatis, apice albis; antennis tarsisque ferrugineis; tibiis spinosis.

In Chili, Conception.

Länge $1\frac{1}{4}$ Linien. Körper länglicht, schwarz. Kopf breiter als lang, vorn stumpf, fast flach, dicht punktirt. Augen hervorstehend, braun. Fühler fast so lang als das Halsschild, braun; das zweite Glied kürzer als die übrigen. Halsschild fast noch einmal so breit als lang, vorn schwach ausgeschnitten mit stumpfen Ecken, die stark gebogenen Seiten und der schwach gekrümmte Hinterrand schmal gerandet, wenig gewölbt, fein punktirt, ungefleckt.

Schildchen etwas länger als breit, den Hinterleib ganz bedeckend, am Ende stark gerundet, in der Mitte bucklig gewölbt, dicht punktirt, ungefleckt. Hornartiger Theil der Flügeldecken gelb; der schmale Außenrand und eine breite keulförmige Längslinie am Innenrande dunkelbraun, der übrige häutige Theil der Flügeldecken so wie die Flügel weißlich, ohne bemerkbare Nerven. Unterseite des Körpers schwarz, fein punktirt. Beine schwarz, kurz, Schienen dicht mit langen Stacheln besetzt; Füße braun.

76. Scutellera bufo,

S. haemisphaerica, brunnea, supra flavo irrorata; thoracis lateribus emarginatis; abdominis lateribus pedibusque flavis.

Auf der Insel Luzon, bei Manilla.

Länge $2\frac{1}{2}$, Breite 2 Linien. Kopf so breit als lang, vorn etwas ausgeschnitten, flach, glatt, braun, vorn auf jeder Seite ein großer gelber Fleck. Augen groß, ganz herausstehend und gelblich. Fühler so lang als das Halsschild, dick, gelbbraun; das zweite Glied das kürzeste. Halsschild noch einmal so breit als lang, vorn tief ausgeschnitten mit breiten runden Vorderecken, Seiten in der Mitte tief ausgeschnitten; Hinterrand in der Mitte gerade, an den Seiten nach vorn gewandt; Oberfläche stark gewölbt, fein punktirt, in der vordern Hälfte dem Vorderrande parallel eine punktirte Linie der ganzen Breite nach; hintere Seitenwinkel stark gewölbt, dunkelbraun, der breite Vorderrand und eine große Anzahl untereinander verbundener kleiner Flecken auf der Oberfläche sind gelblich.

Schildchen in der Mitte breiter als vorn und breiter als lang, hinten ganz stumpf, vorn stark gewölbt mit einer Querlinie am Vorderrande, hinten abschüssig, grob punktirt, dunkelbraun, mit kleinen gelben zusammenfließenden Zeichnungen überall zerstreut. Flügeldecken durchsichtig, an der Wurzel mit einem gelben

Strich,

Strich, am Ende mit starken Nerven. Unterhals und Brust grau, matt. Bauch in der Mitte schwarz, glänzend, an den Seiten gelb mit einer braunen feinen Querlinie und einem Punkt auf jedem Ringe. Beine gelb, Schienen unbewehrt.

77. Scutellera cincta.

S. subrotunda, brunnea; thoracis margine lineisque transversis, scutelli margine omni, abdominis maculis marginalibus, antennis pedibusque flavis.

Auf der Insel Luzon, bei Manilla.

Länge etwas über eine Linie, Breite etwas weniger als eine Linie. Kopf etwas länger als breit, vorn eine stumpfe Ecke bildend, gelb; der Nacken und eine Mittellinie dunkelbraun. Augen groß, gelb. Fühler so lang als das Halsschild, gelb; das zweite Glied das kürzeste. Halsschild noch einmal so breit als lang, vorn stark ausgeschnitten und viel schmäler als hinten. Seiten schwach ausgeschnitten, Oberfläche gewölbt, dicht punktirt, schwarzbraun; gelb ist der ganze Seitenrand (enthält aber in der vordern Hälfte eine braune Längslinie), die Seiten des Vorderrandes, eine in der Mitte unterbrochene Querlinie in der vordern Hälfte und eine andere in der Mitte undeutliche vor dem Hinterrande. Schildchen breiter als lang, hinten ganz stumpf, vorn gewölbt, hinten abschüssig, grob punktirt, schwarzbraun: der breite Vorderrand und der schmale Außenrand glatt, gelb; in der Mitte noch viele untereinander vielfach verbundene gelbe Flecken. Flügeldecken an der Wurzel gelb. Unterhals und Brust grau, matt; Bauch schwarz, glänzend, punktirt; jeder Ring an der Seite mit einem großen dreieckigen gelben Fleck. Beine gelb.

78. a. Halobates.

Diese neue Wanzengattung aus der Familie Cimicides Ploteres Latr. ist mit Velia und Gerris Latr. sehr nahe verwandt und hat sich den Ocean zum Jagdrevier erwählt; man kann sie so bezeichnen:

Antennae articulo basali elongato.
Rostrum breve, conicum, vagina triarticulata.
Collare annuliforme. Thorax maximus, apterus.
Tarsi antici triarticulati: articulo secundo ultra tertium unguiculatum protenso; posteriores biarticulati, exunguiculati.

Der Kopf ist vorgestreckt, breit. Augen groß; Nebenaugen fehlen. Kopfschild vorgestreckt, gewölbt. Oberlippe eiförmig, gekrümmt, spitz. Rüsselscheide dreigliedrig; das erste Glied kurz breit, das zweite das längste, und das Endglied gekrümmt und spitz. Borsten drei. Fühler vor den Augen auf einer starken Erhöhung des Kopfs sitzend, viergliedrig, fadenförmig; das erste Glied das längste.

Halsschild sehr kurz, ringförmig. Mittelleib sehr groß, ungeflügelt. Hinterleib sehr kurz. Afterdecke des Männchens spitz; des Weibchens groß breit rautenförmig. Vorderbeine kurz mit dicken Schenkeln; Schienen von gleicher Länge mit letztern, walzenförmig, am Ende mit einem nach innen vorspringenden hakenförmigen Fortsatze, der in eine Furche zwischen Beinwurzel und Schenkel paßt; die Füße dieser Beine scheinen, von oben betrachtet, nur aus zwei ziemlich langen dicken Gliedern zu bestehen; aber an der Unterseite des zweiten längern Gliedes bemerkt man noch ein drittes sehr kurzes abstehendes Glied, das am Ende mit zwei gekrümmten Haken bewaffnet ist.

Mittlere Beine zwei bis dreimal länger als der Körper, dem Mittelleibe an seinem untern und hintersten Theile angefügt; Hüftglied sehr dick, kurz; Gelenkkopf lang und mit seinem zugespitzten Ende dem Schenkel von der Seite angeheftet; Schenkel sehr lang, walzenförmig; Schienen dünner und um mehr als die Hälfte kürzer; Füße zweigliedrig: das erste wenig kürzer, als die Schienen und gewöhnlich gekrümmt; das Endglied kurz, fein und am Ende mit einigen langen Haaren bewaffnet.

Hinterbeine über den mittlern eingefügt, um ein Drittheil kürzer als diese, mit längerm Hüftgliede, feinern Schienen und Fußgliedern, von welchen letztern das erste Glied kaum länger als das zweite zugespitzte und langbehaart ist.

Der Körper ist mit sehr feinen silberfarbenen Schuppen bedeckt, die Beine gewöhnlich schwarz. Die Thierchen springen auf der Oberfläche des Meeres herum, und kommen nur in den Tropen oder in der Nähe derselben vor. Drei mir bekannt gewordene Arten unterscheiden sich folgendermaßen:

78. b. Halobates micans.

(Taf. II. Fig. 3.)

H. corpore conico, subtus argenteo, supra cinereo aeneo micante; oculis atris.

Im südlichen stillen Meere und im südlichen atlantischen Meere.

Länge 1⅔ Linien, größte Breite eine Linie. Kopf breiter wie lang, gewölbt, der größte Theil grau, der vordere Rand silberweiß. Augen zur Seite des Kopfs hervorstehend, groß, schwarz. Fühler etwas länger als der halbe Körper, am Ende etwas verdickt, Glieder walzenförmig, schwarz, matt; das erste so lang, als die übrigen zusammengenommen, die beiden folgenden gleich lang, das letzte etwas länger als das vorhergehende.

Halsschild breiter als der Kopf (ohne Augen), mehr als dreimal breiter als lang, vorn stark und hinten kaum merklich ausgeschnitten, Seiten gerade, hinabhängend, Oberfläche kaum gewölbt mit zwei länglichen Eindrücken am Vorderrande; grau, etwas glänzend. Mittelleib vorn etwas breiter, als das Halsschild, bis hinter der Mitte ziemlich stark erweitert, dann gleich breit, fast zweimal so lang als Kopf und Halsschild zusammen, vorn gewölbt, hinten ausgehöhlt abschüssig, mit einer kleinen etwas unbestimmten mittlern Längskante am letztern Orte; schwärzlich grau mit Messingglanz. Hinterleibsringe weißgrau. Unterseite des ganzen Körpers silberweiß. Beine schwarz, Vorderschenkel bläulich, an der Innenseite weiß behaart; so auch die Vorderschienen.

Ich sah von dieser Art nur einige Männchen.

79. Halobates sericeus.

(Taf. II. Fig. 4.)

H. corpore ovali, subtus argenteo, supra albo cinereo; oculis flavis.

Im nördlichen stillen Meere in der Nähe des Aequators.

Länge $1\frac{1}{3}$, Breite $\frac{2}{3}$ Linien Körper länglich. Kopf etwas größer und stärker gewölbt, als beim vorigen;

mit zwei kleinen Punkten, weißgrau. Augen gelbbraun. Fühler wie beim vorigen; so auch das Halsschild, nur sind hier die Quereindrücke stärker. Mittelleib vorn deutlich breiter, als das Halsschild, anderthalbmal so lang als Kopf und Halsschild zusammen, in der Mitte ein wenig erweitert, Oberfläche vorn schwach gewölbt, hinten flach, weißgrau, ohne Glanz; Hinterleibsrücken von derselben Farbe. Körper unten silberweiß, flach. Vorderbeine grau, hintere Beine schwarz.

Von dieser sehr häufigen Art sind mir beide Geschlechter vorgekommen.

30. Halobates flaviventris.

(Taf. II. Fig. 5.)

H. corpore cylindrico, subtus argenteo, supra albo; abdomine maculisque pectoris apice flavis.

Im südlichen atlantischen Meere.

Länge 2 Linien, Breite ⅔ Linien. Kopf stark gewölbt, weiß, im Nacken eine gelbliche erhabene Linie. Fühler fast so lang als der Mittelleib, schwarz; das erste Glied viel länger als die übrigen etwas dickern, das zweite etwas länger als jedes der beiden letztern unter sich gleich langen Glieder. Augen bei einem Exemplare ganz schwarz, beim andern gelb.

Halsschild drittehalbmal so breit als lang, weiß, mit zwei eingedrückten Punkten. Mittelleib vorn viel breiter als das Halsschild, lang, in der Mitte kaum breiter als an beiden Enden, vorn gewölbt, hinten platt mit zwei eingedrückten Punkten. Körper unten silberweiß; der Bauch und ein großer Fleck auf dem hervorragenden Theile der Brust, welcher die mittlern Beine trägt, gelb. Vorderbeine im Verhältniß zu den übrigen Arten lang, schwarzgrau; die übrigen Beine sehr lang und fein, schwarz.

Ich sah nur zwei Weibchen. Ein Halobates, der sich im Brittischen Museum befindet, ist in der Nähe des Ausflusses des Congostroms gefangen worden; zu welcher Art er aber gehöre, ist mir nicht bekannt.

81. Hydrometra lineata.

H. Fusca, subtus flava; thorace linea cinerea; elytris abbreviatis: linea alba.

Auf der Insel Luzon, bei Manilla, auf dem Wasser eines Grabens zwischen Reißfeldern.

Länge 5 bis 6 Linien. Kopf fast zweimal so lang als das Halsschild, vorn sehr verdickt, fast walzenförmig, braun, mit einer Grube zwischen den schwarzen kugligen Augen. Fühler borstenförmig, beim Männchen länger als der Kopf, beim Weibchen mit letzterm von gleicher Länge, auf einer langen Hervorragung des Kopfes sitzend; ich kann nur drei Glieder unterscheiden: das erste das kürzeste (doch fast so lang als der hinter den Augen gelegene Theil des Kopfes), keulenförmig, dick, schwarzbraun mit gelber Wurzel; das zweite noch einmal so lang, fein, fadenförmig, bräunlich, am Ende ein wenig dicker und dunkler; das dritte Glied so lang als die beiden andern zusammengenommen, fein fadenförmig, bräunlich, mit einer wenig dickern stumpfern Spitze. Rüssel so lang als der Kopf, bräunlich, an der Wurzel röthlich.

Halsschild vorn breiter als der Kopf, bis gegen die Mitte breiter werdend, von da bis zum Hinterrande gleichbreit, fast dreimal so lang als breit, Selten am hintern Theile mit einer kleinen buckligen Erhöhung, Hinterrand gerundet; Oberfläche ziemlich flach, in der Mitte etwas vertieft, gelbbraun, mit einer weißgrauen Längslinie in der Mitte und einer kurzen an jeder abschüssigen Seite. Schildchen ziemlich groß, zugespitzt, braun mit zwei weißen Linien.

Flügeldecken um den dritten Theil kürzer als der Hinterleib, an der Wurzel sehr schmal, bis zur Mitte an Breite zunehmend, am Ende gerundet, von der Mitte an wird die rechte von der linken ganz bedeckt; flach, schwarzbraun, mit einer breiten weißen Längslinie, die nach vorn spitz zuläuft und die Wurzel nicht erreicht, hinten aber mit zwei schwarzen Querstrichen bezeichnet ist; eine andere schmälere weiße Linie verläuft an der vordern Hälfte der Flügeldecken am innern Rande. Weißliche mit den Flügeldecken gleich lange Flügel bemerke ich beim Männchen, beim Weibchen fehlen sie.

Hinterleib schmäler als das Halsschild, hinten zugespitzt, Afterdecke mit einem spitzen Hörnchen bewaffnet; Rücken in der Mitte der Länge nach vertieft, hellbraun, nackt, glänzend, an den Seiten dunkelbraun mit einer gelblichen Längslinie. Unterseite des Körpers stark gewölbt, gelbbraun, mit weißlichem seidenartigen Ueberzuge. Beine fein, gelbbraun, mit gelber Beinwurzel, und am Ende schwärzlichen Schenkeln und Schienen.

82. Thereva lateralis.

T. thorace cinereo, fusco lineato; abnomine nigro, fasciis lateralibus latis albis; alis stigmate elongato fusco; pedibus atris.

Auf der Insel Luzon, bei Manilla.

Von der Größe der Th. plebeja (Bibio F.), der sie auch sehr ähnlich ist, unterscheidet sich aber auf den ersten Anblick durch schlankere Gestalt und schmälere Flügel. Hinterhaupt weißgrau mit einzelnen schwarzen Borsten; zwischen den Augen schwarzbraun, Vordertheil des Kopfes silberweiß; nur um Vorderrande mit längern weißen Haaren. Augen groß, fast zusammenstoßend, golden. Fühler so lang als der Durchmesser des Kopfes; die dicke Endborste sitzt fast auf der Spitze des dritten Gliedes auf; sind grau, das erste Glied hat schwarze Borsten.

Halsschild weißlich grau, an den Seiten weiß behaart. Brustschild lang, stark gewölbt, bis auf einige schwarze Borsten an den Seiten nackt, hellgrau mit einer breiten dunkelbraunen Längslinie und einem länglichen hellbraunen Fleck auf jeder Seite. Schildchen fast so lang als breit, vom Leibe ganz abstehend, oben flach mit vier schwarzen Borsten; weißgrau, mit einem runden braunen Fleck an der Wurzel.

Flügel schmal, durchsichtig mit einem langen braunen Fleck in der Mitte des Vorderrandes. Schwingkolben schwarz. Hinterleib größtentheils nackt, an den Seiten und unten mit zerstreuten weißen Haaren besetzt; schwarz, jeder Leibring an seinem hintern Rande mit einer breiten weißen Binde, die auf der Mitte des Rükkens an den vordern und auf der Mitte des Bauchs an allen Ringen unterbrochen sind. Beine schwarz, Schenkel mit weißgrauen Schuppen bedeckt.

83. Empis laniventris.

E. fusca; thorace antice ventreque flavo villosis, antennis rostroque atris; pedibus ferrugineis.

Auf der Insel Unalaschka.

Länge 4 Linien. Kopf schwarz, Untergesicht ganz nackt, Hinterkopf mit langen schwarzen Haaren. Augen braun. Fühler schwarz; die zwei ersten Glieder nur an der Spitze behaart. Rüssel schwarz, Taster gelb. Mittelleib gräulich braun, auf dem Rücken braun behaart, an den Seiten mit dichtern langen gelben Haaren. Schildchen graubraun mit einzelnen schwarzen Haaren. Flügel viel länger als der Leib, etwas gelblich mit braunen Nerven; der der Flügelrippe am nächsten liegende Nerve ganz gelb; der kleine Quernerve an der Flügelspitze stark gekrümmt. Schwingkolben gelb mit brauner Wurzel. Hinterleib oben schwarzbraun, fein schwarz behaart; Bauch graubraun, in der Mitte und vorzüglich an den Seiten mit langen gelben Haaren dicht besetzt. Brust graubraun, unbehaart. Beine rothbraun mit schwärzlichen Füßen, fein schwarz behaart; Hinterschienen gekrümmt; Schenkel kaum dicker als die Schienen.

84. Musca obscoena.

M. antennis plumatis, nigra; abdomine coeruleo subtessellata; gula fulvo villosa, genis nigris.

Auf der Insel Unalaschka, an der Meeresküste.

Fast 6 Linien lang; der M. carnivora äußerst ähnlich. Kopf schwarz, über den Augen braun, Untergesicht rothbraun, Wangen schwarz; Kinn mit rothbraunen langen Haaren dicht besetzt. Mittelleib oben matt schwarz, mit weißgrauem Schimmer; Haarporen klein; unten schwarz. Flügel durchsichtig mit schwarzen Nerven. Hinterleib breit, bläulich; Hinterleibsringe mit dunklem Rande und an der Wurzel weißgrau schimmernd. Beine schwarz.

85. Musca dux.

M. antennis plumatis, viridi aurea; abdominis segmentis coeruleo marginatis; capite flavo, oculis purpureis.

Auf den Marianen, auf der Insel Guahm.

Länge $3\frac{1}{2}$ Linien, der M. caesar ähnlich. Kopf nebst Fühlern gelbbraun; Fühlerborste schwarz. Augen am lebenden Thiere purpurfarben, am todten rothbraun; an der größern hintern Hälfte grob netzförmig, vorn sehr fein netzförmig. Mittelleib metallisch grün, oben etwas bläulich. Schildchen an der Wurzel mit einem blauen Fleck. Flügel durchsichtig. Hinterleib goldgrün; erster Rückenring schwarzblau, zweiter bläulich mit schwarzblauem Rande, und der dritte mit schmalem dunkelblauen Rande. Beine schwarz.

Allgemeine Bemerkungen über Käfer.

Lucanus.

Die zwei hier beschriebenen Arten haben einige gemeinschaftliche Merkmale, wodurch sie sich von den europäischen Lucanusarten unterscheiden und welche zu einer sichern Unterabtheilung in dieser des Geschlechtsunterschiedes wegen schwierigen und schon sehr zahlreichen Gattung dienen können. Die Hauptsache ist das starke Halsbein, welches vor den Vorderbeinen beginnt und bis zum Hinterrande des Unterhalses verläuft. Unter den europäischen Arten findet sich nur bei L. cervus eine kleine Spitze hinter der Anheftungsstelle der Vorderbeine. Bei meinen südamerikanischen Arten ist ferner der Kopf vorn gerade abgeschnitten und die Kinnbacken berühren sich an der Wurzel, wo sie mit ineinandergreifenden Zähnen versehen sind. Dagegen bei den europäischen Arten das Kopfschild nach vorn und unten zwischen den Kinnbacken tritt und letztere hier von einander entfernt. Die Ligula fand ich bei meinen Amerikanern an die innere Fläche der Unterlippe angeheftet und das freie obere Ende in zwei schmale behaarte Lappen getheilt, welche nur wenig über die

Unterlippe hervorragen; Kinnladen schmal, lang, goldgelb behaart. Zu den letztern gehört auch L. rangifer Schönh. (Tarandus Thunbg.), vielleicht auch L. bison F, carinatus L, Antilopus Swed. und mehrere andere.

Von europäischen Arten konnte ich nur vergleichen: 1., L. cervus m. et f. 2., L. Tetraodon Thb. m. (dessen Weibchen wahrscheinlich L. bidens Thb. ist) 3., L. impressus Thb.? (Bei meinem caucasischen Exemplare fehlen alle Halsschildeindrücke, aber Kinnbackenzähne und Zahl der Blätter der Fühlerkolbe passen auf die Beschreibung), und 4., L. parallelepipedus m. f. 5., L. hircus Herbst. m. mit starkem, aber scharfkantigem Halsbeine.

Lethrus.

Der von Pallas in seiner Reisebeschreibung Scarabaeus cephalotes genannte Käfer ist von dem in Europa gewöhnlichen Lethrus cephalotes verschieden; er ist kleiner nur $5\frac{1}{2}$ Linien lang, der vordere Theil des Seitenrandes des Halsschildes gerade (nicht ausgeschweift); beim Männchen ist der untere Kinnbackenzahn etwas kürzer als der obere. Dieser in Asien und in den südlichen Gegenden des europäischen Rußlands einheimischen Art muß der Pallasische Name bleiben, dagegen die bei allen übrigen Schriftstellern dafür geltende Art mit langem gekrümmten Unterzahn der Kinnbacken Lethrus clunipes heißen könnte.

Ueber meinen Lethrus ferrugineus Mem. de l'Ac. St. Petersb. VI. habe ich die Vermuthung (die Fühler fehlen dem einzigen Exemplare jetzt), daß die Fühler eine dreiblättrige Kolbe gebildet, auf der weiten Reise aber die zwei äußersten Glieder verloren hatten, wodurch die ausgehöhlte einfache Kolbe entstand; sein nächster Verwandter ist Ochodaeus chrysomelinus (Melolonth chr. F.), er bleibt aber immer durch die herabhängende Platte ausgezeichnet, welche aus dem Kinn besteht.

Trox.

Der hierselbst oben beschriebene Trox brevicollis hat große Aehnlichkeit mit Tr. gemmatus Oliv. und Fabr. und mit Tr. granulatus Herbst. Letztern halte ich für verschieden von T. gemmatus; er unterscheidet sich durch die gekerbten Seitenränder des Halsschildes und ihm muß der von Herbst früher ertheilte Name (denn bekanntlich hat Fabrizius später einen Trox aus der Barbarei so genannt) beibehalten werden; ich charakterisire ihn so (nach einem Exemplare):

Trox granulatus (Herbst) ater; capite bituberculato; thoracis lateribus crenatis, elytrorum serratis, laxe ciliatis; elytris tuberculis altis compressis laevibus postice setosis.

In Ostindien. Länge 6 Linien. Kopfrand in der Mitte nicht ausgeschnitten; der vordere Rand des Halsschildes ragt weit über den Kopf vor, die beiden Längserhabenheiten desselben zur Seite der Mittellinie bestehen aus zwei Dreiecken, die mit ihren Spitzen zusammenstoßen und von denen jedes in der Mitte eine Grube hat. Flügeldecken stark gewölbt, ihre Erhabenheiten hoch, länglich, stehen meistens auf erhabenen Linien und sowohl an ihrem hintern Ende, als auf den sie untereinander verbindenden Kanten bemerkt man einzelne

Borsten. — Pallas beschreibt diese Art (wie Herbst bemerkt) auch sehr kenntlich in der Anmerkung zu Scarab. Morticinii, Icones ins. p. 12. als species quarta ex ora cisgangetica Indiae.

Weder beschreibt Olivier seinen Tr. gemmatus vom Senegal mit einem gekerbten Halsschildrande, noch giebt Illiger (Oliv. Kaef. Uebers. II. S. 9. in den eingeklammerten Bemerkungen) von seinem ostindischen gemmatus einen solchen an, auch weichen Beider Beschreibungen so sehr von einander ab, daß man auf zwei verschiedene Arten schließen muß. Aber auffallend ist es mir, daß mehreres aus der Beschreibung des Fr. horridus Oliv. (nicht Fabr.) auf Tr. granulatus Hb. paßt, wie das Halsschild, dessen Seiten erweitert und gekerbt sind; dann die Beschreibung der Flügeldecken, die stark gekörnelt (chagrinirt) seyn und auf denen vier erhöhte fein bestachelte Längslinien vorkommen sollen; beide Angaben von der Oberfläche der Flügeldecken ließen sich ziemlich gut auf T. granulatus Hb. anwenden, indem sich die Körner und nach meiner oben gegebenen Beschreibung auch Borstenreihen auf den Flügeldecken vorfinden; auch spricht das für meine Muthmaßung, daß „die Ränder der Deckschilde ebenfalls mit ähnlichen Stacheln besetzt sind." Dagegen sind keine Kopfhöcker angegeben.

Trox luridus F. zu diesem sind seit der Erscheinung des ersten Bandes der Synon. ins. von Schönherr noch zwei Synonyme hinzugekommen:

Trox sulcatus Thunberg. Memoir de l'Ac. de Sc. St. Petersb. T. VI. p. 449.

Trox. horridus Wiedemann Germar Mag. Entom. IV. S. 130.

Ich muß zu den gegebenen Beschreibungen noch hinzufügen: Die Länge meines Exemplars beträgt nur 5⅔ Linien; auf dem Kopfe bemerke ich zwei quere Kanten, welche durch eine kurze Längskante in der Mitte untereinander verbunden werden. Die vier breiten rauhen Längskanten des Halsschildes reichen nicht bis an den vordern Rand desselben; der vorderste kappenförmige Theil ist ziemlich eben; die mittlern Erhabenheiten laufen schräg von hinten und außen nach vorn und innen, und ihre einander nahen vordern Enden werden durch eine kleine Querbrücke unter einander verbunden; vor dieser ist eine runde größere und vor dem Schildchen eine kleinere Grube zu bemerken. Die Vorderecken sind spitz; anfangs verläuft der Seitenrand gerade nach hinten, biegt aber bald stark nach außen, macht ungefähr in der Mitte eine sehr stumpfe Ecke, wendet sich sodann ziemlich gerade nach hinten und bildet mit dem zu ihm unter einem spitzen Winkel stoßenden Hinterrande eine spitze Ecke. Der Hinterrand erscheint in seinem größern mittlern Theile als ein nach hinten gerichteter Bogen, hat aber kurz vor seinen seitlichen Enden einen kleinen tiefen Ausschnitt. Die Borsten der Seitenränder und des Hinterrandes sind lang, platt, braun und sehr dicht; eben so beschaffen aber weniger dicht kommen sie am vordern und mittlern Theile der Flügeldeckenränder vor, gegen das Ende zu werden sie aber immer dicker und kürzer. Die Höcker der Flügeldecken fangen vorn flach an, nehmen nach hinten an Höhe zu, ihr Hinterrand ist gerade abgeschnitten und mit dicken kurzen platten schuppenförmigen Borsten dicht besetzt, zwischen den fünf größern Höckerreihen stehen noch vier kleinere, deren jeder Höcker mit einem oder zwei ähnlichen Borsten versehen ist.

Bei Aufzählung der mit Büscheln versehenen Streifen der Flügeldecken von Seiten Illigers in der Uebersetzung von Oliviers Käfern Band II. S. 7. ist der siebente Streifen wohl durch irgend ein Versehen ausgelassen.

Scarabaeus pectinatus Pall. Icon. ins. p. 10. Tab. A. 10. ist dem T. luridus sehr ähnlich, unterscheidet sich aber, der Beschreibung nach, durch parallele Längserhabenheiten und kurz gefranzte Seitenränder des Halsschildes, durch nackte Naht der Flügeldecken und, nach der Abbildung, (mit der Pallas sehr zufrieden ist) durch den ausgeschnittenen mittlern Theil am Hinterrande des Halsschildes. Gewöhnlich wird dieser Pallasische Käfer zu Tr. horridus F. gezogen, zu dem er aber noch weniger zu passen scheint, da letzterer (den ich weiter nicht kenne) ein mit vielen aufrechten Stacheln (Borsten) bewaffnetes Halsschild und fünf stachlichte Flügeldeckenstreifen (also auch eine bewaffnete Naht) haben soll. Pallas giebt keine Borsten auf der Oberfläche des Halsschildes bei pectinatus an; es muß daher ein Irrthum vorgefallen seyn, wenn Illiger in Oliv. K. Uebers. II. S. 4. letzte Zeile sagt: „die Oberfläche ist mit kurzen Härchen bekleidet, nach Pallas," — wozu ihn des letztern Beschreibung a. a. O. „lateribus clypeus late marginatus, pilisque brevibus confertim ciliatus" wohl verleitet haben mag.

Trox fascicularis Wied. Germar Mag. Ent. IV. S. 129. Mein Exemplar ist nur $3\frac{3}{4}$ Linien lang

lang, also etwas kleiner als sabulosus; es hat keinen Kopfhöcker, sondern ganz dieselben in der Mitte verbundenen Querkanten, wie bei Tr. luridus. Auf dem Halsschilde kann man zehn braune Haarbüschel zählen; die Seitenränder erweitern sich von vorn nach hinten, und kurz vor der Hinterecke haben sie einen Ausschnitt, so daß die Ecke weiter nach innen zu liegen kommt und spitz wird.

Vielleicht ließen sich die schon zahlreich werdenden und schwer von einander zu unterscheidenden Arten dieser Gattung in drei Unterabtheilungen bringen: 1. mit zweihöckrigem Kopfe: Trox granulatus Hb., brevicollis m., gemmatus Illig. (Oliv. K. Ueb. in den Zwischensätzen), gibbus Ol., denticulatus Ol., und perlatus Scrib. — 2. Kopf mit zwei untereinander verbundenen Querkanten: Tr. luridus F., fascicularis Wied., pectinatus Pall, und suberosus F. — 3. Kopf eben oder mit undeutlichen Querlinien: Tr. morticinii Pall, cadaverinus Illg., sabulosus L., arenarius F. und mehrere andere.

Geotrupes F.

Daß G. monodon und punctatus nicht Verschiedenheiten des Geschlechts, sondern zwei verschiedene Arten sind, läßt sich leicht entscheiden, wenn man weiß, woran sich die Männchen dieser Gattung sogleich erkennen lassen: ihr letzter Bauchring ist nämlich am Ende stark ausgeschnitten, da er beim Weibchen gerundet erscheint; es kommen von beiden Arten beide Geschlechter vor.

Mein G. thoracicus (Mem. Ac. St. Petersb. VI.) ist eine braune Varietät des G. laborator F.

Ein großer Theil der Arten aus der Gattung Geotrupes F. ist mit einem senkrechtstehenden am Ende breitern und behaarten Halsbeine versehen, dazu haben alle auf den Flügeldecken einen Streifen an der Naht. Diese bringe ich zu Oryctes Illg. und habe als dahin gehörig verglichen: rhinoceros, nasicornis, Silenus, Aloeus, Chorinaeus, hircus, punctatus, monodon, laborator, piceus. Kein Halsbein und keinen Nahtstreifen finde ich bei Gideon, wahrscheinlich sind eben so beschaffen Hercules, Neptunus, Aegeon, Centaurus, Dichotomus, Atlas und viele andere exotische Arten, die man der Gattung Geotrupes F. erhalten muß.

Sollte G. Bronchus nicht ein Synodendron seyn? die Beschaffenheit der Fühler und des Halsschildes scheinen darauf hinzudeuten.

Melolontha.

Melolontha lateralis Wied. Germar Mag. Ent. IV. S. 137. 43. ist das Weibchen von M. clypeata Gyllh. Schönh. S. I. III. App. p. 70. 102. Mein weibliches Exemplar ist $3\frac{2}{3}$ Linien lang. Von den untersuchten Mundtheilen desselben führe ich an: Labrum membranaceum, quadratum, sub clypeum reconditum. Mandibula cornea, clypeo multo brevior, sulcata. Maxilla cornea, processu apicali duplici serie tridentato; dentibus elongatis acutis. Labium corneum, subquadratum, apice late emarginatum, basi a mento carina elevata distinctum. Palpi maxillares articulo ultimo longissimo cylindrico.

Das Weibchen zu Melolontha notata Wied. Germar Mag. Ent. IV. S. 138. 44. ist anders gefärbt, als das Männchen, deshalb die Diagnose zu verändern: **Mel. notata**, atra, supra glabra, subtus albo pilosa; clypeo reflexo emarginato; mas elytris plaga rufa; foemina subtus, elytris pedibusque rufo ferrugineis. Die Fühlerkolbe des Männchens besteht aus fünf Blättern, von welchen das vorletzte das längste ist. Beim Weibchen ist das Kopfschild weniger ausgerandet, die rothbraune Farbe der breiten Flügeldecken wird an der Wurzel und an den Seiten dunkler, schmutziger; die Länge des Weibchens $2\frac{1}{2}$, des Männchens 2 Linien. Die langen sich gleichen Doppelklauen sind in der Mitte mit einem spitzen Haken bewaffnet.

Da unter Melolontha viridis F. mehrere Arten begriffen zu werden scheinen, so will ich nach chinesischen Exemplaren eine Diagnose entwerfen: **Anomala viridis**, supra viridi aenea, punctatissima; punctis in elytris vix seriatis; thoracis margine externo aureo; corpore pedibusque subtus cupreis. Länge 10 bis 11 Linien. — Daß die Bildung der Klauen, wie sie oben bei An. smaragdina beschrieben wurde, nur einem Geschlechte zuzukommen scheine, lehrt uns die Betrachtung der A. Julii, wo man Exemplare mit eben so gebildeten Klauen, und andere mit einfachen antrifft.

Die brasilischen Melolonthae geminata, barbata, signata, unciata und melanocephala haben ein senkrechtes am Ende dickes gefranztes Halsbein; die Klauen sind bei den Weibchen an allen Füßen sich gleich, bei den Männchen findet man an den Vorderfüßen die innere Klaue sehr viel dicker und stärker gekrümmt, als die äußere, auch ist das Klauenglied lang und dick, wodurch M. barbata noch an Aehnlichkeit mit einem Hidrophilus gewinnt. Bei barbata habe ich die Mundtheile untersucht: Labrum corneum, transversum, integrum, sub clypeum reconditum. Mandibula cornea, brevis, basi valde incrassata, intus deplanata, subtilissime transversim strigosa; apice elongato obtuso. Maxilla cornea brevis; processus interni instar dens obtusus; processu apicali magno triangulari, interne seriebus duabus acute tridentatis. Labium corneum elongatum, lateribus ante apicem ipsoque apice late emarginatum. (Nachtrag: Sie bilden die Gattung Cyclocephala Latr.).

Cetonia.

Zu Cetonia mandarina Weber Obs. ent. 68. 4. gehört Cet. cupripes Wied. Germar Mag. Ent. IV. S. 146 und Illigers Zusätze zu Oliviers Beschreibung der C. acuminata L. (Ol. K. Ueb. II. S. 160.).

Aphodius.

Die Beschreibung des Aph. obsoletus F., den ich auf der Insel Luzon bei Manilla fing, kann ich ergänzen: Länge 2 Linien, breiter als Anachoreta. Kopf kurz breit, zerstreut punktirt, schwarz, mit drei Höckern auf einer Querlinie, von denen der mittlere dreieckig, die seitlichen aber nur Querquanten sind; Kopfschild feinrunzlicht, vorn ausgeschnitten, schmal gerandet, in der Mitte schwarz, an den Seiten braunroth. Fühler und Taster gelb. Halsschild groß, breiter als lang, mit stark vorstehenden Vorderecken, Seiten in der Mitte etwas erweitert, Hinterrand gerundet, an den Seiten stark gewölbt und dicht punktirt, in der Mitte zerstreut punktirt; Vorderrand sehr schmal und die Seiten sehr breit gelb gerandet. Schildchen spitz glatt, schwarzbraun. Flügeldecken kaum breiter als das Halsschild, stark gewölbt, mit ziemlich tiefen punktirten Streifen; Hauptfarbe gelb; der ganze Saum zwischen der Naht und dem ersten Streifen, so wie ein großer langer Fleck in der Mitte schwarz; zwischen der schwarzen Naht und dem Fleck bleibt nur der zweite Zwischenraum gelb; der Fleck berührt fast die Wurzel. Unterseite braun, in der Mitte glatt, an den Seiten punktirt. Schenkel gelb mit bräunlichen Schienen und Füßen; Schienen außen scharf dreizähnig.

Mein brasilisches Exemplar von Aphodius Stercorator F., das zu den Beschreibungen von Fabrizius und Olivier gut paßt ist nur $1\frac{2}{3}$ Linien lang; Kopfrand und Schienen rothbraun; die Mitte des Kopfs stark gewölbt, Kopfschild fein querrunzlicht. Das Halsschild hat außer den feinen Punkten noch gröbere zerstreute in der hintern Hälfte, Seiten und Hinterrand sind fein grau gefranzt. Zwischenräume der Flügeldekkenfurchen etwas gewölbt glatt. Er hat das Ansehen eines Psammodius, ist aber keiner.

Onthophagus.

Meiner Ansicht nach sind unter diesem Gattungsnamen nur die dem ateuchus flavipes F. verwandten Arten, wie At. pallipes und Oaitis festivus Steven (Mem. de la Soc. I. Mosc. II. p. 31. 1.) zu vereinigen, deren Körper langgestreckt, Halsschild breiter als die Flügeldecken und über dem Schildchen mit einem einfachen Eindrucke bezeichnet ist. Ganz verschieden von diesen sind die kleinen Copris mit flachen Flügeldecken, die man wohl schwerlich von den größern mit gewölbten Flügeldecken versehenen trennen darf. Die eigentlichen Onitis unterscheiden sich wiederum sowohl durch zwei Eindrücke des Halsschildes über dem Schildchen, als auch durch platte Lippentaster und keilförmiges Endglied der Kinnladentaster. (Nachtr. Was ich unter Onthophagus vereinigen wollte, ist Oniticellus Ziegl. genannt, Onitis festivus stev. gehört aber hierher).

Lampyris.

Lampyris phyllocera Wied, Germar Mag. IV. S. 125 scheint L. compressicornis F. zu seyn. — Sollte Lamp. vittigera Gyllh. Schönh. Syn. I. III. p. 21. nicht zu L. vittata F. gehören? — Lamp. capicola Wied. a. a. O. unterscheidet sich kaum von L. marginata L.

Buprestis.

Die bisher mangelhafte Beschreibung der B. smaragdula F. kann ich nach einem auf der Insel Luzon bei Manilla gefangenen Exemplare ergänzen:

Länge 10 Linien. Kopf breit, Stirn stark vertieft mit einer Längsfurche, schwarzblau mit zerstreuten groben goldgrünen Punkten. Augen groß, braun. Fühler kürzer als das Halsschild, fein, schwarz, die drei ersten Glieder goldgrün, die sieben übrigen punktirt und breiter und kürzer, als die erstern. Halsschild breiter als lang, vorn ein wenig schmäler als hinten, Vorderecken vorstehend und stumpf, Seiten fast gerade, sehr schmal gerandet, Hinterrand ein wenig gerundet; Oberfläche sehr schwach gewölbt, grob runzlicht punktirt mit einer tiefen großen zweitheiligen länglichen Grube an jeder Seite; in der Mitte lassen die Punkte eine Längslinie übrig; die Erhöhungen sind schwarz mit schwach kupfrigem Glanze, die Punkte goldgrün, die Gruben golden. Schildchen klein, rundlich, hinten etwas breiter als vorn, goldgrün.

Flügeldecken an der Wurzel um vieles breiter als das Halsschild, vorn an den Seiten herunterhängend, in der Mitte ausgeschnitten, hinten stark verengt mit stumpfer Spitze; der hintere dritte Theil des Seitenrandes ist grob und scharf sägeförmig (mit 12 bis 14 Zähnen), Oberfläche gewölbt, breit gestreift, Streifen mit groben zusammengehäuften und zerstreuten Punkten, und einzelnen Querrunzeln, die erhabenen Zwischenräume glatt mit einzelnen groben Punkten; an der vordern Hälfte in der Mitte verbinden sie sich durch Querrunzel unregelmäßig netzförmig, in der vordern Hälfte ist der vierte erhabene Zwischenraum (von der Naht) unterbrochen, wodurch ein viereckiger Fleck entsteht; an der äußern Seite der Schulter wird ebenfalls durch Ausbleiben des letzten erhabenen Streifen ein großer länglicher fein querrunzlichter Fleck gebildet und endlich bemerkt man einen langen zugespitzten Streifen, welcher längs des letzten Drittheils der Flügeldecken verläuft und die Stelle des hier fehlenden vorletzten erhabenen Streifen einnimmt; die Erhabenheiten sind schwarzblau mit wenigem kupfrigen Glanze; die Punkte goldgrün, die Flecken golden mit sehr geringem grünen Schimmer.

Unterseite des Körpers und Schenkel golden mit wenigem grünen Schimmer, zerstreut punktirt, Schienen und Füße bläulich golden; Afterglied mit einem kleinen Einschnitt.

Hydrophilus.

Ich finde nirgends einer dem Hyd. piceus L. sehr ähnlichen in Nord-Deutschland und im mittlern Rußlande häufigen Art erwähnt, die sich durch Gestalt, Farbe und Größe unterscheidet; ich mache sie so kenntlich:

Hydrophilus (Hydrous) piceus L. atro olivaceus; antennarum clava nigricante, corpore eliptico utrinque angustato, abdomine acute carinato.

Länge 18 bis 21 Linien; aus Gyllenhal's und Latreille's Beschreibung deutlich zu sehen, daß sie diesen vor sich hatten; ob er immer eine schwärzliche Fühlerkolbe habe, kann ich nach zwei Exemplaren nicht bestimmt entscheiden. Das vordere Brustbein hat nur eine starke Grube, das hintere ist ziemlich gerade.

Hydrophilus (Hydrous) aterrimus m. ater; antennarum clava flava, corpore eliptico, ano carinato.

Länge 15 bis 16 Linien. Der Bauch ist gar nicht gekantet, sondern die beiden seitlichen Flächen desselben gehen in der Mitte in einander über; nur das Afterglied hat an der Mitte eine Kante. Das vordere Brustbein hat eine lange tiefe Furche, und die Spitze des hintern ist abwärts gebogen.

Daß die angegebenen Unterschiede nicht Geschlechtsverschiedenheiten sind, davon kann man sich leicht überzeugen, da von beiden Arten beide Geschlechter vorkommen.

Register.

(A. B. heißt allgemeine Bemerkungen).

Erklärung der Abbildungen.

Taf. I. Fig. 1. Lucanus tibialis.
" 2. Aulacodus flavipes, vergrößert.
" 3. a. Megathopa villosa.
" 3. b. Unterlippe und Lippentaster derselben.
" 4. a. Deltochilum dentipes.
" 4. b. Unterlippe und Lippentaster desselben.

Taf. II. Fig. 1. Scutellera Schönherri.
" 2. — Germari.
" 3. Halobates micans, stark vergrößert.
" 4. — sericeus, ebenfalls.
" 5. — flaviventris, ebenfalls.

Taf: I.

Fig: 1.

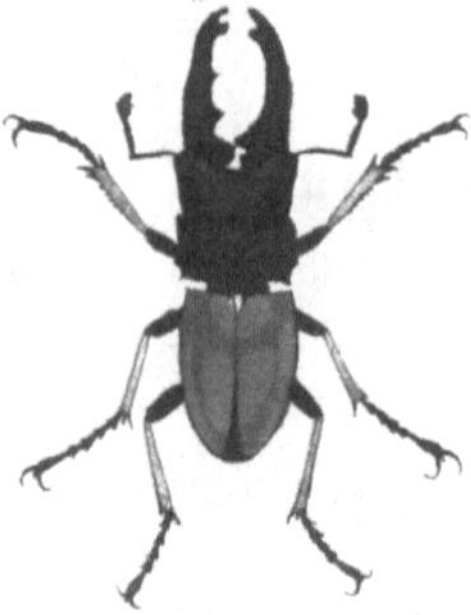

Fig: 2.

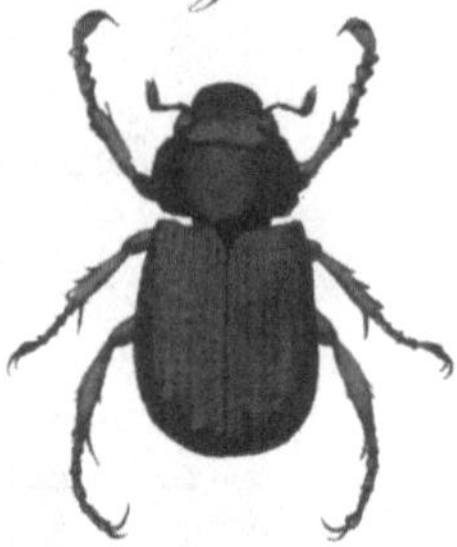

Fig: 4. a.

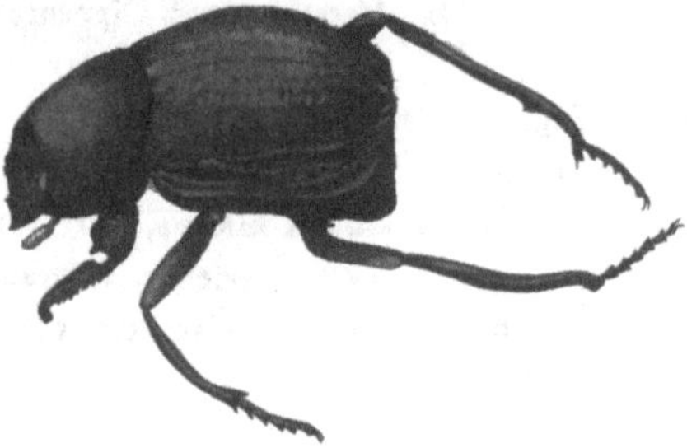

Fig: 4. b.

Fig: 3. b.

Fig: 3. a.

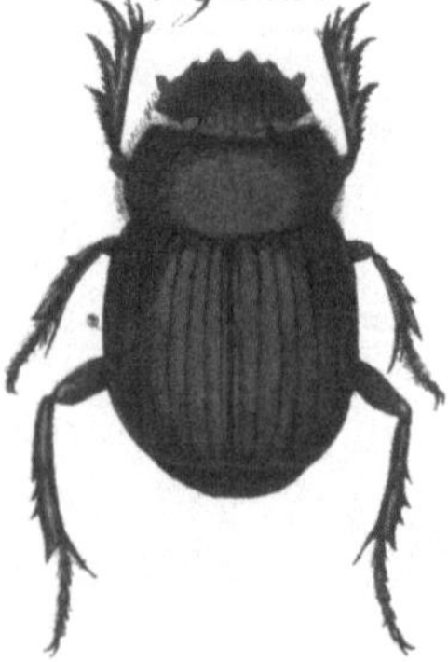

Schwechten sc.

Taf: II.

Fig: 1.

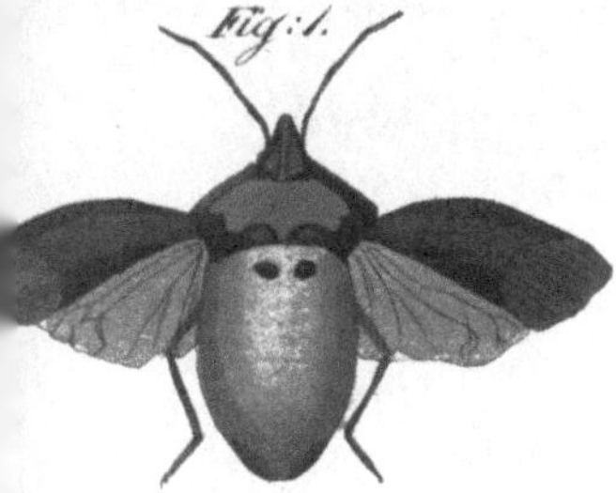

Fig: 2.

Fig: 3.

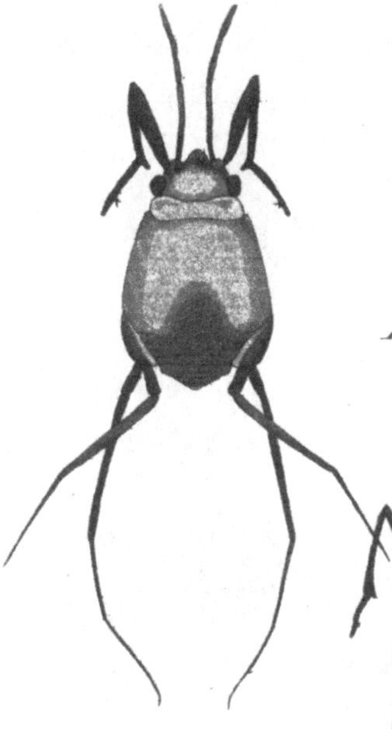

Fig: 5.

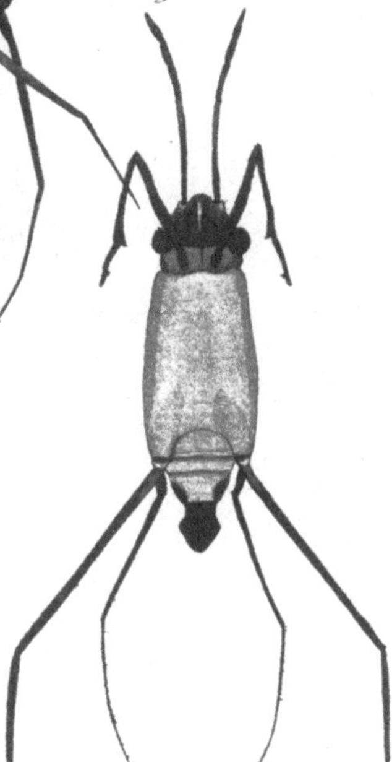

Fig: 4.

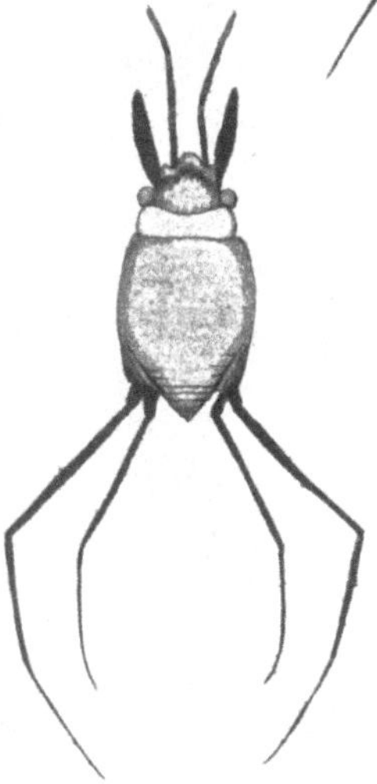

Schwachten sc.

FSC
www.fsc.org
MIX
Papier | Fördert gute Waldnutzung
FSC® C083411

Zeitfracht Medien GmbH
Ferdinand-Jühlke-Straße 7
99095 Erfurt, Deutschland
produktsicherheit@kolibri360.de